U0236989

国家出版基金项目

新闻出版改革发展项目库项目

江苏省"十二五"重点图书出版规划项目

# 《扬州史话》编委会

主　编　袁秋年　　卢桂平

副主编　丁　毅　　刘　俊　　陈征宇

　　　　曹永森　　王根宝

编　委　夏　峰　　陈家庆　　杜　海

　　　　曾学文　　刘　栋　　王志娟

国家出版基金项目
NATIONAL PUBLICATION FOUNDATION

**扬 州 史 话**

主编 袁秋年 卢桂平

# 扬州饮食史话

周爱东 著

广陵书社

图书在版编目（CIP）数据

扬州饮食史话 / 周爱东著. -- 扬州 : 广陵书社,
2013.12
（扬州史话 / 袁秋年，卢桂平主编）
ISBN 978-7-5554-0054-7

Ⅰ．①扬… Ⅱ．①周… Ⅲ．①饮食－文化史－扬州市
Ⅳ．①TS971

中国版本图书馆CIP数据核字(2013)第297744号

| | | |
|---|---|---|
| 书　　名 | 扬州饮食史话 | |
| 著　　者 | 周爱东 | |
| 责任编辑 | 顾寅森 | |
| 出版发行 | 广陵书社 | |
| | 扬州市维扬路 349 号　　　　邮编　　225009 | |
| | http : //www.yzglpub.com　　E-mail : yzglss@163.com | |
| 印　　刷 | 江苏凤凰扬州鑫华印刷有限公司 | |
| 开　　本 | 730 毫米 ×1030 毫米　1/16 | |
| 印　　张 | 14 | |
| 字　　数 | 200 千字 | |
| 版　　次 | 2014 年 3 月第 1 版第 1 次印刷 | |
| 标准书号 | ISBN 978-7-5554-0054-7 | |
| 定　　价 | 45.00 元 | |

# 城市的情感和记忆

## ——《扬州史话》丛书总序

城市是有情感和记忆的。

特别是扬州这座历史文化名城,只要一提及"扬州"二字,无论是朝夕相守的市民,还是远离家乡的游子,或是来来往往的商旅,几乎都会流露出由衷的感叹和无尽的思念,即如朱自清先生在《我是扬州人》中所说:"我家跟扬州的关系,大概够得上古人说的'生于斯,死于斯,歌哭于斯'了。"朱先生的寥寥几笔,看似平淡,满腔的情感却在字里行间奔涌,搅人心田。可见,扬州这座城市之所以素享盛名,不仅仅在于她的历史有多么悠久,地域有多么富饶,也不仅仅在于她从前有过怎样的辉煌,现在有着怎样的荣耀,更在于人们对她有着一往情深的眷念,以及由这种眷念牵连出的耿心记忆。

情感和记忆,是这座城市另一种意义上的财富,同时也是这座城市另一种意义上的标识。

2014 年,扬州将迎来建城 2500 周年的盛大庆典。其实,更严格地说,2500 年是有文字记载的建城史,扬州人类活动的文明史远远不止于此。早在距今 5500~7000 年前,高邮龙虬庄新石器时期的先民就开始了制作陶器和选育稻种。仪征胥浦的甘草山、陈集的神墩和邗江七里甸的葫芦山也都发现3000~4000 前的商周文化遗址。我们之所以把 2014 年定为扬州建城 2500 年,是因为《左传》中有明确的记载:周敬王三十四年(前 486):"吴城邗,沟通江淮。"这七个字明确地说明了吴国在邗地建造城池,也就是我们今人时常提及的古邗城,于是,公元前的 486 年,对扬州人来说,就成为一个永久的记忆。这句话还说明了另一件永远值得记忆的历史事件,就是这一年,京杭大运河最早的一段河道——邗沟在扬州开凿了。邗沟的开凿,不仅改变了扬州社会发展的走向,也改变了古代中国的交通格局,这一点,也是人们的永久记忆。正是由于有了邗沟,有了后来的大运河,才使得扬州进入了社会发展的快速通道,成为中国古代交通的枢纽,成为世界文明发展史上一座十分重要的城市。

扬州这座城市,承载着太多的情感与记忆。于是,一批地方文史学者一直以扬州史料的搜集、整理、研究为己任,数十年坚持不懈。他们一直在探求扬州这座历史文化名城从远古走到了今天,在中国文化史上留下了哪些令人难忘的脚印? 在中国发展史上有哪些为人称颂的作为? 在当代社会生活中又有哪些发人深省的影响? 我们今人应该怎样认识扬州文化在中国文化版图上的定位? 怎样认识扬州文化的特色和本质? 以及扬州文化对扬州城、扬州人的影响又该怎样评说? 等等,这些都是极富学术含量的科研课题,也是民众极感兴趣的文史话题。日积月累,他们的工作取得了令人瞩目的成果,大量的文稿发表在各类报刊杂志上。这些成果如同颗颗珍珠,十分珍贵,却又零散,亟需编串成光彩夺目的项链。适逢2500年的建城庆典即将来临,把这些成果编撰成丛书,让世人更全面、更系统地了解扬州的历史与文化,无疑是建城庆典的最好献礼。

由此,《扬州史话》丛书便应运而生了。这套丛书的跨度长达2500年,内容涵盖了沿革、学术、艺术、科技、宗教、交通、盐业、戏曲、园林、饮食等诸多方面,应该说,扬州文史的主要方面都有涉及,是一部相对完整地讲述扬州2500年的历史文化丛书。这套丛书2009年开始组稿,逾三年而粗成,各位作者都付出了辛勤的劳动。编撰过程中,为了做到资料翔实,论述精当,图文并茂,每一位作者都查阅了大量的文献资料,吸纳了前人和今人众多的研究成果,因而,每一本书的著述虽说是作者个人为之,却是融汇了历代民众的集体记忆和群体情感,也可以说是扬州的集体记忆和群体情感完成了这部丛书的写作。作者的功劳,是将这种集体记忆和群体情感用文字的形式固定下来,将易于消逝的记忆和情感,化作永恒的记述。

《扬州史话》丛书是市委市政府向扬州建城2500周年的献礼之作,扬州的几任领导对丛书的编纂出版都十分重视,时任扬州市委副书记的洪锦华同志亲自主持策划并具体指导了编纂工作。这套丛书，也可以看作是扬州的索引和注释，阅读它，就如同阅读扬州这座城市。扬州城的大街小巷、湖光山色，扬州人的衣食住行、喜怒哀乐，历史上的人文遗迹、市井掌故，当代人的奋斗历程、丰功伟绩，都可以在这套丛书里找到脉络和评说。丛书将历史的碎片整理成时空衍变的轨迹，将人文的印迹组合成城市发展的画卷，在沧桑演化中，存储正在消亡或即将消亡的历史踪影，于今昔变迁时，集聚已经形成和正在形成的文化符号。

岁月可以流逝，历史不会走远。城市的记忆和情感都融汇到这套丛书里，它使得扬州人更加热爱扬州，外地人更加了解扬州，从而存史资政，熔古铸今，凝心聚力，共创未来。未来的扬州，一定是江泽民同志题词所期望的——"古代文化与现代文明交相辉映的名城"。

是为序。

袁秋年

2012年12月

# 目 录

引 言 ……………………………………………………………… 1

## 第一章 淮左名都,东南佳味

一、扬州饮食溯源与分期 ……………………………………… 4

二、邗沟时期的饮食 …………………………………………… 8

三、隋运河时期的饮食 ………………………………………… 17

四、元运河时期的饮食 ………………………………………… 24

五、后运河时期的饮食 ………………………………………… 31

## 第二章 扬州饮食的地域影响

一、地方物产 …………………………………………………… 40

二、泊来的饮食 ………………………………………………… 55

三、扬州饮食的外传 …………………………………………… 62

## 第三章 扬州饮食的文化构成

一、官府食风 …………………………………………………… 72

二、文人食风 …………………………………………………… 84

三、商贾食风 …………………………………………………… 93

四、乡土食风 …………………………………………………… 97

## 第四章　鳞次栉比扬州馆

一、官府饮宴之地 …………………………………… 110

二、画舫酒船 ………………………………………… 116

三、清代扬州的食肆 ………………………………… 123

四、近现代扬州餐饮 ………………………………… 134

## 第五章　维扬茶肆甲天下

一、地涌名泉茶比蒙顶 ……………………………… 142

二、茶圣名士共流连 ………………………………… 151

三、从茶摊到茶馆 …………………………………… 160

四、茶食的风味 ……………………………………… 170

## 第六章　烹煎妙手属维扬

一、文人雅厨 ………………………………………… 180

二、寺院僧厨 ………………………………………… 187

三、市肆名厨 ………………………………………… 194

四、美酒佳肴 ………………………………………… 200

## 附录　扬州饮食大事记

　　　　　　　　　　　　　　　　　　　　　　　　 213

## 主要参考书目

　　　　　　　　　　　　　　　　　　　　　　　　 216

## 后　记

　　　　　　　　　　　　　　　　　　　　　　　　 217

# 引 言

　　吃的历史,就是人类发展的历史;扬州饮食史,就是扬州城市、地域文化发展的历史。我这么说,"虽不中亦不远"。今天人们说到扬州,就不能不说到扬州的吃,至少的,也知道"扬州炒饭"。扬州的饮食史,前贤已经谈得很多了,有精短文字,也有鸿篇巨著。因此,这本书不打算全然炒冷饭,尽可能地写出一点新意来。其实也不可能是完全的创新,好些观点前贤们也曾隐约提到过,只是囿于角度,没有清楚表述而已。

　　首先,是以运河的发展为主线,给扬州的饮食史进行分期。前人关于饮食史的分期方法很多,窃以为,那些方法都不太适合扬州。扬州是一个因运河而兴的城市,运河的兴废,决定了扬州外来人口的数量,决定了扬州城市消费能力的强弱,进而决定了扬州饮食业的繁荣与否。所以,扬州饮食史也应与运河兴衰息息相关。此是我一家之言,如果能为后来研究扬州饮食史者提供一点新的思路,也算有引玉之功了。

　　然后,关于茶文化我用了专门一章来谈。历来谈扬州饮食者,对于茶文化谈得都不多。其中茶社茶点说得多些,历史沿革则说得少些。这也难怪,扬州历史上产茶的时期不多,相关资料也很分散。本书对扬州的茶史进行了一些爬梳与整理,为清代扬州茶肆甲天下的盛况找寻了一些经济以外的原因。有些是以前的研究者没有谈到的,如扬州与福建茶的关系,还有扬州在唐宋茶文化潮流中的地位等。

　　在其他章节里,本书也尽可能地为读者呈上新鲜内容。这些内容有的是学者们近些年来的研究成果,有的则是在写作本书时对于历史资料的重新发掘。比如在谈到扬州饮食的文化构成时,以往常谈的是盐商们如何豪奢,文人们如何风雅。本书在"乡土食风"里则谈到了曾经有过的简朴的一面。有些问题,如扬州与红楼宴的问题,既谈了扬州在研究红楼宴上的成就,也就《红楼梦》中所提到的菜肴作了一些考证,可能与流行的观点相左,却也不尽是作者一家之言。再比如"扬州面条"的话题,牵涉到了人口迁移与文化传播线路问题。这不是一句两句可以讲得清的,在本书中我也尽可能地通过一些事例来介绍,希望会引起读者与研究者的兴趣。

从完整展现扬州饮食史的初衷出发,本书也选择了当代的一些重大事件,如扬州现代烹饪高等教育的发展情况、第一台中餐自动烹饪机器人的诞生等。当代的事情是正在发生的历史。不知道经过时间的沙汰会有多少可以有价值地存留下去,或许现在以为很重要的事情,几十年甚至十数年后就被人淡忘,而现在以为不那么重要的事情,却不可磨灭地留传并影响着后世。就像第一个挂出"扬州炒饭"招牌的人,怎么会想到他做的是扬州最著名的食物呢!

扬州饮食史如从邗城时期算起,到今天有 2500 年,其内容是相当丰富的。囿于篇幅,本书只能从这六个章节来谈,而且好些内容也只能是蜻蜓点水,尤其对于精彩纷呈的现代扬州饮食业,挂一漏万,在所难免。唯祈读者谅之。

# 第一章　淮左名都，东南佳味

扬州饮食史可上溯到史前的淮夷时期，真正开始形成自己的特色，夸视江表以至誉满天下，则与运河有着莫大的关系。运河的发展可分为邗沟时期、隋运河时期、元运河时期、后运河时期，扬州饮食文化的发展轨迹与运河的发展轨迹基本同步。邗沟时期，封国于此的吴王刘濞及其后的几代广陵王带来了扬州饮食史上的第一个高峰。隋唐至两宋是隋运河发挥重要作用的时期，也是扬州饮食史上的第二个高峰。中唐以后，扬州经历了一个相对和平的时期，成为东南的经济中心；北宋时的扬州虽无中晚唐时那么重要，但也是经济迅速发展的时期。扬州美食与东南其他的美食一起，以"南味"之名出现在中原的饮食市场中。元运河时期是扬州饮食最鼎盛的时代，尤其明清两朝，盐业与漕运所带来的财富与文化把扬州饮食推上了历史的最高峰。从此以后，淮扬菜天下闻名。

# 一、扬州饮食溯源与分期

## ◎ 溯源

扬州饮食的源头应该有两个。一个是扬州饮食文化的源头，一个是扬州饮食史的源头。前一个源头比较复杂，江海不弃细流故能成其大，这些细流中水量比较大的都可认作是扬州饮食文化的源头。对此，我将在后面分门别类地来说。扬州饮食史的源头就比较好找了，找着这个地方早期的居住者，大概就算找到源头了。

扬州地区早期的居住者是淮夷。夷人是古代中国大地上的东方民族，常称为东夷。后来在中原部落强大的压力下，夷人逐渐分化。一部分北上，后来所说的东夷主要是指他们；一部分南下到江淮，被称为淮夷。淮夷是江淮之间早期活动的部落，他们曾是东方的一股强大力量，常常对中原的夏朝、商朝、周朝产生威胁。直到东周时期，大大小小的淮夷部落才陆续被其周围的强国吴楚所吞并，逐渐融入华夏民族中来，他们是扬州饮食史最早的创造者。淮夷人的饮食无法从文字记载中来考证，但是从历史的一鳞半爪中，我们还是可以发现一些痕迹。

从字形上来看，"夷"字就像一个人背了一张弓，所以有学者推测，他们很可能是以打猎为生的民族。从考古成果来看，麋鹿是夷人主要的猎物之一。江淮间的青墩遗址曾出土了一些带有契

龙虬庄先民使用的工具

刻画纹的麋鹿角枝,仪征市陈集乡的神墩遗址出土了麋鹿角制成的"骨戈"。由此可以推测,当时人有可能是将麋鹿作为食物来源的。麋鹿在史前及先秦时期是南方常见的动物,从江淮到云梦大泽周围都有。这些性情温和的动物被当作食物应是很普遍的情况。春秋时期,墨子在止楚攻宋时对楚王就说过,"荆有云梦,犀兕麋鹿满之"。

从地理位置来看,淮夷生活的江淮地区是个水网密布的鱼米之乡。早在原始社会,这里就已经开始有了农业文明,在高邮的龙虬庄新石器时代文化遗址中发现了已经炭化的、人工种植的、被驯化的稻种。《史记》说江南地区的人是"饭稻羹鱼",这个词用在淮夷身上也是很恰当的。当时的扬州还是一个滨海的地区,高邮、宝应、兴化一带的湖泊群体在六七千年前曾是黄海浅海湾。如今在这些地区湖泊的沉积层中还夹有较厚的蚌壳、螺壳层,并常伴有麋鹿亚化石出土,而扬州与镇江之间的长江原是长江入海的河口段。现在扬州地区发现的春秋时期及两汉遗址都在蜀冈之上,原因就是蜀冈以东的地方当时还是一片沼泽或沙滩。这样的地理位置说明,扬州人"饭稻羹鱼"的鱼可能有相当一部分是海鱼。

从上面所说的两点来看,早期的扬州人应该是以渔猎为生的民族。随着后世江淮地区人口的增加,可供猎食的动物越来越少,而海岸线的东移使得土地越来越多,所以农业取代了狩猎,成为人们获得食物的主要方式。

这一时期扬州先民的饮食文明到底达到了一个什么样的高度? 从文化交流来说,淮夷和中原的夏、商、周有着一千多年的冲突与融合。在这个过程

龙虬庄遗址出土的猪形容器说明了当时人们的生活方式

中,淮夷吸收了一些中原的文明。淮夷的文明程度大概相当于新石器时期吧。

对于新旧石器时期的人类饮食,专家们常用火燔熟食来描述,但是我们从高邮龙虬庄遗址出土的食器来看,扬州先民们的文明程度已经相当高了,几乎与中原地区的民族同步。龙虬庄出土的饮食器具有罐、盆、豆、盘、釜、甑,组合在一起分明已经可以看见先民们饮宴时的场景。这些器具说明当时已经有了饮食的礼仪,也说明当时食物的类型开始丰富起来。罐与盆用来盛汤水多的食物,豆与盘用来盛汤水少的食物,食物类型的丰富则说明先民们已经掌握了一些烹饪的技艺。周朝时,淮夷建立了邗国,在饮食的制度上一定更加完善。由于地处偏僻,邗国肯定不会有周王室的饮食排场,也不一定与周王室有同样的制度,但是作为一个诸侯国的基本饮食礼仪是不会少的。

◎分期

饮食史不像朝代那样可以清楚地断代,因为饮食的制度、内容、方式有着一定的连续性和习惯性,还有着很强的地域特性,不会随朝代的更替而变化,所以对饮食史的分期会有着较大的分歧。但如果不作分期的话,对饮食文化的发展轨迹又不易阐明。关于中国饮食史的分期,有着多种版本,有按朝代分的,也有按烹饪器具来分的,都有各自的道理。那些分期方法,用在全国的大环境中是可以的,但不适合于一个具体地域。扬州饮食史应该有自己的分期方法。

以前很少有人讨论过这个问题,这里我抛砖引玉地提出个意见:以运河的发展情况对扬州饮食史进行分期。理由很简单,扬州是个运河城市,是因运河而兴盛,也是因运河而衰落的。饮食史某种程度上其实也是经济史,而运河正是牵动扬州经济的一根主线。依据这条主线,大约可将扬州饮食史分为这么几个阶段:淮夷时期、邗沟时期、隋运河时期、元运河时期以及后运河时期。

运河的历史始于吴王夫差所凿的邗沟。那么,在邗沟之前,可称为淮夷时期。在溯源一节里,已经对淮夷时期的饮食作了介绍。这一时期史料既缺乏,对后来扬州饮食史的发展影响也不甚大,所以下面就不再讨论这一时期了。

春秋时,吴王夫差北上争霸,吞并了邗国,在这里开邗沟、筑邗城,是有史

古邗沟遗址

记载的扬州第一次建城。此后,邗沟在扬州的发展中一直起着较大的作用,直到隋炀帝开通大运河,这一时期可称为邗沟时期。邗沟时期是扬州饮食文化真正的开端。这一时期是扬州发展的第一个高潮,饮食文化曾到达一个相当的高度,这一点可从汉赋名篇《七发》中看到。

隋炀帝开通的大运河将扬州与中原地区连结起来。从隋到宋,这条大运河既为扬州带来了中原的文化与物产,也向中原输送了自己的文化与物产。扬州在中国经济中的地位即由这条运河奠定了,这一时期可称为隋运河时期。这一时期,扬州在盛唐富宋的大环境中继续发展,而中国的经济与文化中心正逐渐向东南转移,扬州饮食的名气正由城市级升为地区级,但是后期的宋金、宋元对峙使扬州再成战争前沿,饮食发展停滞。

元运河时期开始于元朝。蒙古统治者将都城定在大都,原来通向中原的运河就不太合用了,于是将运河拉直成一条纵贯南北的水上通道,之后的明、清两朝用的都是元朝的都城,扬州的地位由元至清日益重要,扬州饮食的鼎盛就在这一阶段。元运河时期,扬州的发展有了新的面貌。此前,扬州通过运河与中原地区联系较多,而此后,与山东、河北、京、津的联系逐渐多了起来,饮食文化中也多了一些北方元素。这一时期的扬州集中了大量的富商巨贾和文化名流,他们与扬州本土的百姓一起,把扬州饮食文化推上了历史的最高峰。

清代中后期的盐法改革加上上海地位的升起,交通上铁路的地位日益重要,运河逐渐衰落。长江对扬州的影响是持久稳定的,虽也有阶段性,但不如运河的影响来得明显。到了近代,陆路交通发展,长江与运河一起衰落,倒是对扬州产生了很大的影响。很多事情就是这样,平时司空见惯的东西,当真正失去的时候,才发现它的重要性。运河与长江交通地位的衰落带来了扬州的衰落。到上个世纪八十年代,扬州随着中国的改革开放振翅起飞,交通上不再依赖运河与长江,有了铁路以及四通八达的公路,饮食文化也重振雄风,影响辐射海内外,这是扬州饮食的后运河时期。

## 二、邗沟时期的饮食

### ◎吴地饮食在扬州

史载,吴王夫差为北上与齐国争霸,于是开凿了邗沟,建筑了邗城。邗沟就是大运河的前身,邗城也就是有文字记载的最早的扬州城了。在邗沟之前,这里是春秋小国干国的所在地,所以也有很多学者认为在吴王筑邗城之前,这个地方已经有城了,吴王只是扩大了城市的规模与功能。吴王城邗主要是为军事服务的,相当于一个大的兵站,并无多少行商坐贾,居民主要是住在城外,人口也不多,饮食业与饮食文化都还处于淮夷时期。有记载说夫差一度把国都迁来邗城,关于这一点,史籍所记语焉不详。如果确有其事,那这时邗城就应该比以前的城市规模要大得多,说吴王筑邗城也就是成立的了,而这个新城一定有比干国时期更发达的饮食市场了,因为吴国远比邗国富裕发达。

驻于邗城的吴国军队也是要吃饭的,按当时的惯例,军队的伙食都是自己做,那自然是江南的风味,虽然不一定有什么美味佳肴。之后不久,吴国灭亡,邗城相继为越、楚所占。这两个春秋强国在地域上都是扬州的邻邦,饮食文化会有一些交流。这段时期,是江淮饮食与江南及荆楚饮食的第一次融合。

虽然算起来吴国没有越国、楚国占领扬州的时间长，但因为疆域较近，且有邗沟连接，所以吴地饮食要比越、楚饮食对扬州的影响更大。

相当长的一段时期内，扬州都被看作是南方，甚至被划到江南的圈圈里。但是扬州与江南毕竟隔着一条大江，所以只能说扬州是最北的南方。在扬州北边不远的淮河是中国真正的南北分界线，淮河以北，交通靠马；淮河以南，交通靠船。由此来看，扬州又是中国最南的北方。地缘因素再加上与吴王夫差所开始的那段历史渊源，奠定了后来扬州饮食的基本风格——以江淮风味为主，杂以江南风味。

春秋时期的吴地饮食还有在扬州留下痕迹的吗？明显的痕迹没有，疑似的有一个"醋溜鳜鱼"。

苏州有一个名菜"松鼠鳜鱼"，大约十几年前，关于它的原产地，苏州厨师与南京厨师曾有过一番争论，苏州人说它是苏州

京剧《刺王僚》中专诸在向王僚献鱼炙

菜，南京人说它是南京菜。结果不重要，争论本身就说明了江南与江淮之间曾有过的饮食文化交流，并一直延续到今天。扬州没有参与这场争论，但这事也不是与扬州一点关系都没有的。清代，可能成书于扬州的《调鼎集》中就收有"松鼠鱼"，而且现在的扬州名菜"醋溜鳜鱼"在烹调方法上绝似"松鼠鳜鱼"。

"松鼠鳜鱼"是近现代的名菜，为什么用来说明春秋时期的问题呢？这个"松鼠鳜鱼"的前身，有人认为是由春秋时期的太湖名菜"鱼炙"发展而来。春秋时，专诸为刺杀吴王僚，特意去向"太和公"学习做"鱼炙"，学成后成为吴王僚的厨师。在一次献食的时候，专诸用藏在鱼腹中的剑将吴王杀死。这是中国菜中最有杀气的名菜了。从名称来看，鱼炙是一种烤鱼，松鼠鱼和醋溜鳜鱼是用油炸的方法制作的，由烤到炸的这种传承关系在现代饮食中也很常

见,如一些名为烧烤的食物就是以油炸的形式出现的。

《楚辞》的《招魂》中有"吴羹"、《大招》中有"吴酸蒿蒌",这两个都是吴地的菜。吴地的饮食都可以流传到楚国去,流传到扬州当然也是可以理解的。在《风土记》等书中还提到吴王宫中经常吃"鱼脍""鱼炙"等食物。江淮地区的风味与吴之腹地还是会有一些差别的,但是像"鱼炙""鱼脍"这样的菜肴,应该是没什么大的差别。"吴羹"的味道有些怪,有些酸又有些苦,但应该是当时的美味,不然屈原不会用来召唤那些为国战死的英魂的。在先秦时期,羹一般是肉食,吴地的羹会是一种什么样的食物呢? 从物产来看,鱼羹或海鲜羹的可能性很大。"吴酸蒿蒌"可能是"菹"或"葅"类的菜肴。菹、葅在先秦时期是贵族饮食所必备的菜肴,南北方都有,江淮之间的菹、葅做法与北方会有些不同。江淮地区做菹、葅的时候要添加鱼虾酱,江南吴越地区也是添加鱼虾酱的,而中原的宋鲁地区则添加肉汁,这当然是区域物产所带来的区别。

### ◎《七发》记载的饮食

汉朝初年的另一位吴王刘濞给扬州的饮食带来了堂皇大气的基因。这位吴王与春秋时期的夫差没有什么关系,他是汉高祖刘邦的亲侄子,因功被封为吴王,后来在汉景帝时发动七王之乱,兵败身死。刘濞在位时,扬州的经济得到迅速发展,成为当时最有势力的诸侯王。他依靠朝廷的特殊政策及封地的地理优势,开矿铸钱、煮海贩盐,在老百姓不用交赋税的情况下,依然府库充足,富裕程度可想而知。关于吴国的饮食情况,汉代辞赋家枚乘的名作《七发》中有非常详细的记载。《七发》是汉代辞赋中的第一名作,枚乘也因此赋而名声大噪。在赋中,他假托吴客向病中的楚太子游说,通过他的一番说辞,楚太子病体霍然而

邗沟大王庙,供奉的是影响扬州
发展的吴王夫差与吴王刘濞

愈。这篇赋表现出来的不仅是作者的文学才华，也把当时吴地的饮食水平、食疗养生知识展现得淋漓尽致。

他推荐给楚太子的饮食是："犓牛之腴，菜以笋蒲。肥狗之和，冒以山肤。楚苗之食，安胡之饭，抟之不解，一啜而散。于是使伊尹煎熬，易牙调和。熊蹯之臑，芍药之酱。薄耆之炙，鲜鲤之鲙。秋黄之苏，白露之茹。兰英之酒，酌以涤口。山梁之餐，豢豹之胎。小饭大歠，如汤沃雪。此亦天下之至美也，太子能强起尝之乎？"虽说赋多夸饰之辞，但以吴国之富有，枚乘所说的这些食物应该是比较可靠的。枚乘是淮安人，曾为吴王刘濞臣，那么他所说的这些饮食很可能是吴王日常饮食中常见的，是汉代扬州地区的贵族饮食。从引文来看，当时吴国常见的美味原料有肥牛、肥狗、熊掌、竹笋、蒲菜、楚苗、菰米、鲤鱼、豹胎等，常见的调味品有苏、茹、芍药做的酱及兰花香型的酒等。这些食物的原料基本是江淮地区所产，有些今天已经看不到了，如熊掌豹胎等；有些现在还是有名的美食，如蒲菜；有些现在已经改变了食用的部位，如菰米，现在食用的是其变异的茎，称茭白。

关于饮食养生，枚乘认为"温淳甘脆，腥醲肥厚"的食物是"腐肠之药"。这应该是在当时医学水平的背景下养生家们所共有的认识。以枚乘的观点，楚太子的病正是因为"温淳甘脆，腥醲肥厚"享用太多所致。关于饮宴的环境，枚乘认为在春天里，找一个惠风和畅的日子，找几个知己一起赏春、听琴、品佳肴、饮美酒，才是人生快意的时刻。大概说来，枚乘的养生思想与战国时期《吕氏春秋》一书中的观点差不多，而他对于饮宴环境的讲究，也在很大程度上受中原雅文化的影响。这说明当时中原地区先进的饮食文化已经影响到了江淮地区。

从枚乘的描述来看，当时的吴地不仅食物丰富，而且已经非常讲究食物之间的搭配。细嫩的肥牛适合配清鲜的竹笋、蒲菜；肥美的狗肉需要用石耳来搭配。而对于鱼脍的食用方法，枚乘讲得尤其有滋有味。他说在吃鱼脍的时候要用"苏、茹"来调味，吃过之后，再喝一口有兰花香气的酒来去掉嘴里生肉的腥味。苏、茹是辛香味的调料，酒是兰花香型，正好用来清除鱼脍留在口中的腥味。这样吃鱼脍的程序很能让人感受到食物之美，并且爱不释口。现代的日本人吃生鱼片，常会配上一片苏叶，这应该是枚乘时期的旧法吧。

在古代，食脍有专门的调料，称为"脍齑"。在汉至魏晋时期，配食鱼脍的是"橙皮齑""八和齑"等。"橙皮齑"是用橙子皮做的一种"酱齑"。橙子为南方所产，从地域上讲，扬州有可能也是用这种橙皮齑来调味的。八和齑尤为著名，据《齐民要术》记载，它用蒜、姜、桔、白梅、熟栗黄、粳米饭、盐、酢八种原料经过非常复杂的工序制作而成，色泽金黄，酸甜鲜爽，香气浓郁。传说隋炀帝在江都，吃了吴郡进献的生鱼脍后，满意地说了句："金齑玉脍，东南佳味。"金齑就是指八和齑，"金齑玉脍"第一次出现是在北魏贾思勰的《齐民要术》一书中，看来这八和齑是南北朝时流行于东部沿海地区的一种高档的脍齑。另外，据明张岱的《夜航船》说，南方人作脍时用金橙与之相伴调味，似乎用的是橙皮齑。

鱼脍美味，以至于有因为吃鱼脍而伤身体的人。据《后汉书·华佗传》记载，汉末广陵太守陈登有一天忽然身体不爽，"胸中烦懑"，于是去找来名医华佗。华佗来了，给陈太守搭了搭脉，说："太守大人，您的胃里有虫，跟您平时爱生吃水产品有关。"然后华佗煮了二升的药汤让陈登喝下去，一会儿吐出了三升多的秽物，里面有好多虫，虫的头是红的，动来动去，半个身体还是生鱼脍。吐完以后，陈登感觉很舒服，但是华佗告诉他，这个病三年以后还会复发，如果遇到良医还可以活下来。后来陈登病发时，华佗不在，太守大人果然不治身亡。

生鱼脍变化为虫当然是有些荒诞的说法，但华佗长期在江淮、江南的水乡行医，应该经常接触到各种寄生虫病，陈登的症状很像是被生鱼脍里的寄生虫感染了。华

华佗像

佗从卫生角度出发反对生食，他在《食论》中主张食物要经过加热成熟再食用。后来的扬州饮食中，很少会看到生鱼脍的影子，应该与华佗等名医不停的告诫有关系。但是扬州饮食中还是留下了生食的尾巴——炝虾。吃的时候虾还是活的，只用点酒、麻酱油、胡椒粉或腐乳汁来调味，杀菌和杀虫的效果只怕还不如古人用的橙皮齑、苏、茹之类。

### ◎乱世中的东南佳味

西晋灭亡后，北方士族纷纷南下，在江南建立了东晋，当时的扬州称南兖州。在东晋至南朝初期，扬州还不是战争的最前沿，南渡士族给这个城市带来了一段时间的繁荣，也使扬州第一次大规模地接触到中原地区的饮食文化。南北饮食交流的结果是相当有趣的，从饮食制度、烹调方法等方面来说，北方原比南方要先进、完备得多，但南方的饮食风味却往往令北方人惊叹。

南朝刘宋的一个将军毛修之被北魏所虏，但他的后半生依然荣华富贵，而这荣华富贵得来颇有意思。这个毛修之，居然做得一手好菜，尽得南方菜的真谛。估计他经常用这个一技之长在北魏朝堂上拉关系。终于，他把菜做到了北魏太武帝的餐桌上。太武帝尝了毛修之做的菜之后大加赞赏，于是给他升官、进爵，而且规定他的那些公务都不用做了，专门负责皇帝的饮食。毛修之本是荥阳人，在建康（今南京）做官时学会了做南方菜，随刘裕北伐时被留在北方辅佐刘裕的儿子刘义真守长安，兵败于赫连勃勃被虏，后北魏太武帝拓跋焘攻灭赫连氏的大夏国，毛修之降魏。虽然他在北魏也有些功绩，但让他名声大噪的却是烹调的手艺，看来他更适合做一个厨师。

南齐王肃因父兄被杀而投奔北魏孝文帝。刚到北方的那几年，他不吃羊肉，不饮酪浆，日常饮食还是他在南朝时所习惯的鲫鱼羹和茶。几年以后，他与孝文帝在殿上会谈，吃了很多的羊肉，喝了很多的酪浆。孝文帝有些奇怪，就问他："北方的羊肉跟南方的鱼羹相比如何？"王肃说："羊肉是陆生肉类中最好的，鱼是水中最美的食物。羊好比是齐鲁这样的大国，鱼好比是邾莒那样的小国。"王肃的意思是南方食物与北方食物各有所长。王肃被孝文帝誉为诸葛亮一样的人物，一时名重北魏朝野，他的文采风流吸引了一些北魏的贵族,跟着他一起吃南方菜,喝南方茶。王肃的故事如果与其先祖王导的故事联系起来看就更有文化意味了。东晋初,刚到江南不久的名臣王导用酪浆招待江东名士陆玩,陆玩回家后就病了。第二天,陆玩写了张条子给王导:"昨天在你那儿酪浆吃得多了点,一夜都不舒服。我这个吴地人差点就成了北方的伧鬼。"虽然是玩笑话,但陆玩看不起北方饮食的神情跃然纸上。从王导到王肃百年时间,北方士族已经被江东饮食所征服。羊肉是北方饮食中所常见的,从周秦至两汉,北方的中国人都是吃惯羊肉的,不仅如此,羊肉还是宗庙祭祀时常用的祭品。按理这些南迁的士族也应该吃羊肉的,可怎么会出现不吃羊肉的王肃呢?这当然与地域物产有关。北方以农、牧业为主,而南方以农业、渔业为主。北方士族南下以后,经常接触的是南方的水产类食物,到王肃时已经几代下来了,习惯南食是很自然的。

关于北方人对南食的评价,《洛阳伽蓝记》中有一段精彩的描述。当时,北魏内乱,北魏的北海王元颢投靠梁朝,希望梁支持他做北魏的皇帝。梁武帝派陈庆之送元颢入魏称帝。在洛阳,功成名就的陈庆之与北魏士族饮宴时乘醉说道:"魏朝虽然强盛,但还是被称为五胡。现在天下的正统还是江南,秦朝的玉玺,现就在梁朝。"一番话引起了北魏士族的不快。过了几天,陈庆之忽然心痛,到处找人医治,北魏士人杨元慎说他会驱鬼,于是陈庆之就听他安排。杨元慎含了一口水喷在陈庆之身上,然后口中念念有词地祷告:

"吴人之鬼,住居建康。小作冠帽,短制衣裳。自呼阿侬,语则阿傍。菰稗为饭,茗饮作浆。呷啜莼羹,嗫嚼蟹黄。手把荳蔻,口嚼槟榔。乍至中土,思忆本乡。急急速去,还尔丹阳。若其寒门之鬼,口头犹修。网鱼漉鳖,在河之洲。咀嚼菱藕,捃拾鸡头。蛙羹蚌臛,以为膳羞。布袍芒履,倒骑水牛。沅湘江汉,鼓棹遨游。随波溯浪,唅喝沉浮。白苎起舞,扬波发讴。急急速去,还尔扬州。"

杨元慎这段话当然是为出前几天一口气而故意贬损江南饮食的,但是这段话也基本说明了江南饮食的特点。这段话里,除了"手把荳蔻,口嚼槟榔"无法与扬州联系起来,其余的基本是扬州地区常见的饮食。"菰稗为饭",扬州人从先秦时期起就常用菰米来做饭，直至南北朝时期还是如此。"茗饮作浆"却是西晋灭亡时从北方传来的。北魏的贵族多是游牧民族，此刻还没有学会饮茶，不过在当时的洛阳有专门招待南方投奔者的金陵馆，馆内所供应的都是南方的饮食，其中即有茶。其他的如蟹黄、菱藕、鸡头米、蛙、蚌等等都是扬州所常见的物产。

总的来说，魏晋南北朝时期，由于战乱的影响，扬州的饮食发展受到了很大的限制。而由于扬州特殊的地理位置与运河的影响，往来扬州的各地迁客商贾络绎不绝，使得扬州在那个战乱的年代里总还能有一定的发展。隋初，杨广灭陈来到扬州，对这里一见倾心，以至于想把都城迁过来。后来他有句诗"我梦扬州好，征辽亦偶然"，正说明了扬州留给他的美好印象。

### ◎ 饮食器具的见证

饮食器具最能看出一个地方生活条件的高低与饮食的奢华程度。邗沟时期虽是扬州发展的初期，但饮食器具已经告诉我们，当时这里的饮食水平已经到达一个什么样的层次。

看一下扬州出土的两汉时期的主要饮食器具：1983 年在扬州的杨庙乡李巷西汉墓出土了温酒用的铜钘；1985 年在杨寿乡宝女墩新莽墓出土了"广陵服食官"铜鼎、漆器盘；1988 年甘泉乡姚庄 102 号西汉墓出土了类似于火锅的桌用铜染炉；1990 年在甘泉乡秦庄西汉墓出土了铜鼎、彩绘银扣漆碗、朱漆碗、漆耳杯、鸟纹铺首系釉陶壶；1990 年杨庙乡燕庄西汉墓出土了盛酒的铜钟（壶）、铜卮；1991 年甘泉乡巴家墩西汉墓出土了战国风格的蟠螭纹铜盉、玉卮；1992 年甘泉乡六里西汉墓出土了铜鎛镂、彩绘涂金饰蒂云气纹漆耳杯；1996 年甘泉乡姚湾西汉墓出土了铜铍；2004 年杨庙镇五庙"刘毋智"西汉墓出土了彩绘云气纹漆卮；1980 年甘泉乡香巷东汉墓出土了青瓷四系罐。此外，还出土有其他的一些饮食器具。如果将这些食器组合在一起，我们就可以想象一场排场奢华的汉代盛宴了。

这些出土的食器在饮食史上各有其重要意义。从材质上来说，青铜器与漆器占了很大部分。青铜器是商周留传下来的贵族身份的象征，很适合扬州

广陵服食官铜鼎

汉代铜染炉

的那些王侯贵族。有些青铜器明显是战国时楚地的艺术风格，这似乎也暗示了扬州与楚地饮食文化的交流。"广陵服食官"铜鼎则与河北平山出土的一件黑陶鼎非常相似，这说明扬州与北方存在着饮食文化的交流。漆器是战国到汉代时期南方流行的食器，扬州的漆器从那时起工艺水平就是很高的，后来也一直是中国重要的漆器生产基地。饮酒所用的耳杯是汉代通行的样式，与长沙马王堆汉墓出土的耳杯造型完全一样。耳杯在南北朝时期还存在，不过材质已经发生变化，出现了青瓷耳杯，还多了一个圆形的杯托。那件青瓷四系罐是用来盛水的。在汉代，青瓷器还是比较名贵的器皿，晋代杜育在《荈赋》中说喝茶要用东南所产的陶器，就是指青瓷的茶具。卮的造型比中原地区的要胖些、矮些，但把手完全一样。最值得一提的是铜染炉，最下面是一个方盘，盘上放了一只炉子，炉子上放了一铜耳杯，这完全就是后来火锅的造型。看到这炉子，完全可以合理地想象一下：扬州在那个时候可能已经有火锅这种烹调、进食的方式了。不过，也有另一种可能：这个铜炉是冬天用来温酒的，因为耳杯是用来喝酒的。

## 三、隋运河时期的饮食

### ◎隋炀帝与扬州饮食

研究扬州饮食文化的学者每每把"扬州蛋炒饭"的历史追溯到隋朝。理由是隋代谢讽所编的《淮南王食经》中有一款美味"越国公碎金饭"，疑是"扬州蛋炒饭"的前身。

谢讽是谁？他是隋炀帝的尚食直长，管理着皇帝的日常饮食，也就是御膳房的总管了。有这种身份，我们可以认为他所写的美食都是隋朝宫廷里的美食。在隋炀帝开通隋运河，乘着水殿龙舟下扬州的时候，谢讽肯定是要跟着来的。后来隋炀帝驾崩扬州，宫中大乱，谢讽所掌握的那些御厨大概有好些人流落扬州街头了，隋宫御膳也就跟着留在了扬州。

越国公是隋朝名臣杨素，此人既功勋卓著，又奢侈无度。"碎金饭"前加上他的封爵，可见不同一般，所以才能成为隋宫的御膳。碎金饭之所以会与扬州产生联系，一方面是隋炀帝下扬州时带来的；另一方面，杨素曾在扬州作战、生活过。把碎金饭与蛋炒饭联系起来其实并没有什么证据，完全出于一种合理的联想：蛋炒饭里黄亮亮的碎鸡蛋可不是有点像碎金吗？在扬州厨师所做的各种蛋炒饭中，还有一款名叫"金裹银"的炒饭，看起来金灿灿的，很有"碎金饭"的品相。

隋炀帝凿通运河以后，便来到扬州游玩，在蜀冈上建有行宫、迷楼，极尽奢华，所过州县，竞相献食，周边地区向扬州的进贡队伍络绎不绝。珍馐异味不可胜数，吃不完的便一埋了

隋炀帝杨广

之，其奢侈程度令人喟叹不已，而江淮地区的富庶也由此可见一斑。当时隋炀帝所吃的那些美味佳肴估计有不少是被收入《淮南王食经》的。谢讽原著早已经散佚了，但是在陶谷的《清异录》一书中收录着抄自谢讽《食经》的五十三种美食，让我们可以窥见隋宫饮食之一斑。除"越国公碎金饭"外，其中的"虞公断醒鲊""加料盐花鱼屑"据有关学者考证都是南方菜肴。

"尽道隋亡为此河，至今千里赖通波。"开凿大运河给隋炀帝带来了生前身后的诸多非议，但是给扬州带来的却是百分之百的利益。由于运河的开凿，中国东南地区与中原地区的物产、文化、经济、政治的联系一下子变得紧密起来，而这个联系的关节点就是扬州。从此以后，关于扬州饮食的诸多话题最终都会扯到运河上来。隋炀帝开通的运河将长江、淮河、泗水、汴水全部联通，由此直到元朝时，扬州饮食一直与中原饮食相互影响。

在隋唐以前，扬州饮食的基本风格是朴素，除去用料与风味，意趣上与其他地方并无太大的区别，但到了隋唐，扬州饮食开始表现出其精雅的风格。《大业拾遗记》记江南作鲈鱼脍："须九月霜下之时，收鲈鱼三尺以下者作干脍。浸渍讫，布裹沥水令尽，散置盘内。取香柔花叶相间细切，和脍，拨令调匀。霜后鲈鱼，肉白如雪，不腥。所谓'金齑玉脍，东南佳味也'。"《隋唐嘉话》则说金齑玉脍是用细切的橙丝与霜后的鲈鱼拌在一起的。雪白的鲈鱼肉与香柔花叶及金灿灿的橙丝做成的齑拌在一起，脍白如玉、齑色如金，看起来非常富丽堂皇。隋唐时，社会富裕，上流社会的饮食极尽奢华，重视装饰，扬州饮食也受这种风气的影响。《清异录》中记载，隋炀帝幸江都时，吴地人进贡糟蟹、糖蟹，上桌之前，一定要将蟹壳擦拭干净，再用金缕做成的"龙、凤、花、云"图案贴在上面。这样奢华的饮食装饰是空前的，开了后来唐宋时饮食装饰的先河，也开了扬州奢华饮食风气的先河。

## ◎唐代饮食市场的繁荣

唐代扬州饮食史上最值得大书特书的是白糖。甘蔗糖的生产技术来自于印度，在印度的制糖技术传入中国之前，中国人用"饧"与"蜜"来调甜味，或者用甘蔗的汁。汉魏时，蔗糖传入中国，被称为"西国石蜜"。公元647年，唐太宗派人到天竺摩揭它国学熬糖法，然后在扬州试制，据史籍记载，所生产出来的糖，色味远胜天竺糖。据后来宋朝王灼《糖霜谱》的推测，扬州的糖大约是淡黄色的粗砂糖。唐太宗为什么会选择扬州作为糖的生产地呢？因为扬州与其他地方相比有几个优势。扬州与南方甘蔗产地的距离比较近，又有运河，转运全国比较方便。还有一点也很重要，扬州是当时重要的对外贸易场所，是海上丝绸之路的起点，这里聚集了大量的胡商，有很多高水平的工匠，在这里制糖正是产销两便的事。

唐代扬州的繁荣准确地说是始于安史之乱。安史之乱之前，唐朝的税赋收入主要来自于中原地区，扬州虽然繁华，但相对于中原来说，还是处于经济文化的边缘。战乱以后，中原百业凋敝，而江南一带未受战火影响，逐渐成为朝廷主要的财税之地，也正是在这一时期，扬州饮食开始了它辉煌的历史。唐诗中许多赞叹扬州的诗都是写于这一时期，如"春风十里扬州路""十里长街市井连""夜市千灯照碧云"等等。这样的一个繁华都市，必

圆仁大师石像

定有着与之相适应的饮食业。日本和尚圆仁的《入唐求法巡礼行记》记载了扬州开成三年岁末的景象："二十九日暮际，道俗共烧纸钱，俗家后夜烧竹与爆，声道万岁。街店之内，百种饭食，异常弥满。"开成是唐文宗的年号，时在公元818年。

前面所提到的饮食基本上是在一个大的区域里流行的，不应为扬州所

专有。晚唐五代时,扬州有一位法曹(古代衙门里的法官)宋龟所做的"缕子脍"则是地地道道的扬州名菜。这"缕子脍"是用鲫鱼肉与鲤鱼子,裹上碧笋或菊苗做成的,做法很是奇特,与前代的脍都不一样。鱼脍是白的,鱼子是红的,笋、菊是绿的,色泽之美令人欲滴馋涎。今天日本、韩国人做生鱼片时,也常用鱼子,其意趣与缕子脍如出一辙。南北朝时,南朝曾有过来自高丽的将军,中晚唐时,扬州也有不少来自新罗、日本的留学生。韩国文化名人崔致远就曾在扬州任职多年。因此,相互之间有交流完全是很正常的。有交流的还不止是朝鲜与日本,据朱江先生考证,当时扬州还有很多的波斯人、大食人、新罗人、婆罗门人。波斯人来扬州的最早时间是在盛唐时期,来的人多了,在扬州聚集于波斯庄。晚唐时,扬州动乱,叛将田神功大掠扬州,城中被杀的波斯商人达数千人,可见来扬州的波斯人之多。晚唐时期,扬州完全就是一个国际化的大都市,圆仁和尚所说的"百种饭食"应该也包括海外各国的饮食。

中原厨师的南下提高了扬州饮食制作的水平。唐朝灭亡后,北方战乱连年,皇宫中的一部分厨师就逃到了相对安定的江南,进入了南唐的宫廷,支撑起南唐皇家的饮食制度。这是江淮饮食与中原饮食的一次高层次的交流。唐末杨吴时期,扬州作为杨行密的统治核心,饮食文化的繁荣不需多言。到南唐前期,政治中心迁至建康,扬州仍是相对重要的城市,还有着相当程度的繁荣。

### ◎模糊在南味里

北宋时期的扬州经济依旧繁盛,但相对地,有关扬州饮食的资料出奇地少,是因为扬州不再出产美食了,还是因为人们不关注扬州美食了呢? 这个问题需要放在大的时代背景下来说。中唐以后,中国的经济中心逐渐向江浙转移。但是在北宋时期,中原地区的经济、文化依旧繁盛,非江浙可比,而且相对于积弱的军事,经济文化的繁荣达到了一个空前的高度。这时候的江淮地区虽然因运河而地位突显,文化地位也比唐朝时有所提高,著名的苏门四学士有两人是这里的——张耒是淮安人、秦观是高邮人,但总体来说仍处于文化的边缘地区。北宋灭亡后,扬州成了宋金、宋元对峙的前线,百业凋敝,饮食文化上一无可述。南宋词人姜夔路过扬州时,见到的是四壁萧条的一座空城,想起昔日的繁华,感慨油然而起,于是写出了著名的《扬州慢》表达他的《黍离》之悲:"淮左名都,竹西佳处,解鞍少驻初程。过春风十里,尽荠麦青青。自胡马窥江去后,废池乔木,犹厌言兵。渐黄昏,清角吹寒,都在空城。杜郎俊赏,算而今重到须惊。纵豆蔻词工,青楼梦好,难赋深情。二十四桥仍在,波心荡,冷月无声。念桥边红药,年年知为谁生。"

姜夔画像

　　唐朝韩愈在其诗文中就曾提出南食的概念,但他所说的南食基本是指岭南的食物。至宋时,人们将地方风味大概分为北食、南食、川食与中原饮食四个部分。辽人、金人的饮食属于北食,江淮及江南为南食,河南一带为中原饮食,川食是蜀中一带的饮食。这里面南食包括的范围最广,这大概是因为当时人们的头脑里南方还带有蛮荒没开化的印象吧,所以才把中州以南的饮食一概称为南食。扬州饮食就是属于南食系列的。

　　当时,南方的饮食对于中原来说是一种异样的美味,而且不可多得。北宋仁宗时,吕夷简的夫人去皇宫看望皇后,皇后跟她说:"仁宗皇帝喜欢吃糟淮白鱼,但是祖宗规定不让从地方上索取珍奇饮食,所以很难吃到。你们家是寿州的,一定有这道菜。"吕夫人回家后,跟丈夫商量了一下,给皇宫里送了两食。以皇家的地位,想吃糟淮白鱼而不得,一方面说明宋仁宗恪守祖制,不以个人的饮食之事去骚扰地方,另一方面也说明,当时的汴京城里,饮食市场还不太发达,没有上好的糟淮白鱼卖,因此才会有皇后向大臣家里找美食的事情发生。这个故事也说明了一个事实,作为南食之一的江淮饮食这时候已经在中州地区有了一定的知名度。吕夫人本来打算给皇后送去十奁,吕夷简说:"皇帝的厨房里都没有的东西,我们家却有这么多,合适吗?"所以最后决定送了两奁,看来这位吕大人对家乡的风味是念念不忘的,在家里存了不少的糟淮白鱼。除了糟淮白鱼,还有江瑶柱也是非常著名的南味。另外还有"南炒鳝"这样的菜,也是有着江淮渊源的。在南北朝时期,江淮地区就擅长用鳝鱼来做菜了。还有鱼脍,也是江淮地区历史悠久的名食。

北宋的汴京城非常繁华,尤其是到了仁宗朝以后,宋朝与北方的辽、西夏罢兵讲和,一派太平盛世的景象。在这个背景下,汴京城的饮食业迅猛地发展起来,南食成了其中非常出色的一个流派。在《东京梦华录》一书中,多次提到了南食,如"马行街铺席"一节记载:"南食则寺桥金家、九曲子周家,最为屈指。"可见汴京城里的南食不仅多,还有一些是脍炙人口的名店,这些经营南方饮食的饮食店被称为南食店。等到了南宋时,杭州城里居然很长时间还有很多的"南食店"。当时就有人认为:既然已经到了南方,怎么还叫南食呢?这种名称有问题。其实也不能完全说是经营者起错了名字,因为北宋的南食店在汴梁城经营了那么长的时间,早已经融合了不少北方的风味,并不完全是南方菜了。所以等到了南方之后,他们带来的是北方人熟悉的南食,而不是南方人日常吃的食物。在南方人看来,这种南食店里卖的是北方的南食。

### ◎诗人吟咏的美食

> 鲜鲫经年秘醽醁,团脐紫蟹脂填腹。
>
> 后春莼苗活如酥,先社姜芽肥胜肉。
>
> 鸟子累累何足道,点缀盘餐亦时欲。
>
> 淮南风俗事瓶罂,方法相传竟留蓄。
>
> 且同千里寄鹅毛,何用孜孜饮麋鹿。

这是苏东坡的诗《扬州以土物寄少游》,诗里写的是当时扬州的土产食物。"鲜鲫经年秘醽醁"说的是一种特别方法腌渍的鲫鱼,这鲫鱼在腌渍的时候经过了发酵，从古代的食品制作工艺来看，这很可能是用鲫鱼做的鲊。“团脐紫蟹脂填腹”说的是蟹，既然可以寄到远处，肯定不会是活蟹，从晋唐时人吃蟹的情况来看，有可能是醉蟹、糟蟹，而苏东坡喜欢吃甜，这个或许是糖蟹也未可知。“后春莼茁活如酥，先社姜芽肥胜肉。”这两句说的是莼菜与姜芽，莼茁是说莼菜长得很肥壮。“鸟子累累何足道，点缀盘餐亦时欲。”鸟子是鸭蛋，至今扬州高邮的鸭蛋都是非常有名的，看来在北宋时，扬州人就开始养鸭子，或许有可能出现了较大规模的养鸭场。

秦少游像

“淮南风俗事瓶罂，方法相传竟留蓄。”这两句是说高邮人有制作腌制品的风俗，其方法自古相传。从前面的分析来看，这首诗里所提食物应该都是腌渍食品，鲫鱼鲊、醉蟹或糖蟹、莼齑、姜菹和咸鸭蛋。这些或可看作现代扬州腌酱食品的源头了。

关于这首诗，还有一个争议之处。在秦少游的《淮海集》中有一首《以莼姜法鱼糟蟹寄子瞻》的诗：

鲜鲫经年渍醽醁，团脐紫蟹脂填腹。
后春莼茁滑于酥，先社姜芽肥胜肉。
凫卵累累何足道，饤饾盘餐亦时欲。
淮南风俗事瓶罂，方法相传为旨蓄。
鱼鱐蜃醢荐笾豆，山蔌溪毛例蒙录。
辄送行庖当击鲜，泽居备礼无麇鹿。

这首诗的大部分内容与苏东坡的诗差不多，究竟谁是真正的作者呢？扬州学者邱庞同先生推测："秦少游为高邮人,他送扬州土物给蜀人苏轼才对。"他还推测有可能是苏东坡与秦少游开玩笑,将秦诗改写了一下再寄还给他。邱先生的推测是很有道理的。如今事过千年,谁是谁非已无须说清了。从秦少游的诗题及内容来看,蟹是糟腌的,与后来的醉蟹还不完全相同。另外,他还送了苏轼一些鱼虾做的醢酱和一些高邮的野菜。苏东坡是一个老饕,对饮食极有研究也极其讲究,所以,不论这扬州土物是谁送谁的,其滋味鲜美是肯定的。

江淮地区的美味还有淮河产的白鱼,据时人记载,白鱼以两个地方所产为佳:一是太湖所产,范成大在《吴郡志》一书中就认为"白鱼出太湖者为胜";二是淮白鱼,杨万里有一首《初食淮白鱼》:"淮白须将淮水煮,江南水煮正相违。霜吹柳叶落都尽,鱼吃雪花方解肥。醉卧高丘名不恶,下来盐豉味全非。饕人且莫供羊酪,更买银刀二尺围。"从诗中可以看出,当时淮白鱼曾销往江南,但是用江南的水煮出来的淮白鱼与用淮水煮的味道有差别。诗的最后两句说的是宋朝人的饮食喜好。在北宋时的宫廷里多以羊肉为贵,鱼则是南方饮食的代表,这里诗人说宫中的厨师可以考虑用白鱼代替羊肉与酪浆,意思自然是夸赞淮白鱼的风味更在羊酪之上。"醉卧高丘名不恶,下来盐豉味全非。"则是说淮白鱼除了用淮水煮,还有糟白鱼与盐豉煮白鱼两种。杨万里认为糟白鱼的味道还不错,而盐豉煮的白鱼味道就全不对了。前面曾提到宋仁宗喜欢吃"糟淮白鱼",直到南宋时期它还被美食家们惦记着。

## 四、元运河时期的饮食

### ◎乔吉《扬州梦》与扬州饮食

扬州真正全面地接触到北方饮食并融入本土饮食文化之中,是在南宋以后。南宋建立后,面对金国的军事压力,宋高宗带着他的朝廷狼狈地迁往江南。这中间曾在扬州住了一些时候,大量中原人士带来了中原的饮食,这时毕竟是战乱时期,估计不会在扬州的饮食文化中留下什么印迹,人心不安嘛!这算是北方饮食进入扬州的一个序曲。在此之前,扬州历史上也有过南北饮食文化的交流,如南北朝与五代的动乱时期,大量北方人口南迁给扬州带来了北方的饮食文化，但那些时期的饮食文化交流是断断续续的。从南宋到元朝灭亡的二百四十年里，不仅是中原及齐鲁地区的饮食，更主要的是蒙古及回族的饮食纷纷来到扬州，这与前朝的南北饮食文化交流的情况是大不相同了。南宋与金在采石矶大战后有一段较长的和平时期，双方使节往来常以扬州为前站，宋朝曾于此设宴招待金国使臣。

元朝时，扬州作为东南重镇很受朝廷重视，在这里设有"江淮都转运盐使司""江淮榷茶都转运使司""行御史台"等等重要的职司部门。元世祖至元二十一年，皇九子镇南王脱欢出镇扬州。史书上说脱欢是因为征安南失利而失宠于元世祖，被逐出京城，以镇南王之爵来到扬州的。但史书也记载脱欢来扬州两年后的至元二十三年，朝廷将江淮行省的治所从杭州迁回了扬州，可见朝廷对于脱欢与扬州的地位还是比较看重的。扬州这时已经是东南的经济中心了，再加上诸多重要部门及镇南王府在此，饮食市场的繁荣可想而知。

关于元代的扬州饮食，历来研究者提到的不是太多，原因是正史、野史中相关资料太少。但是在元曲中有一条资料，对当时扬州的饮食状况作了一番概述，让今人可以一睹当年的繁盛。这就是元代剧作家乔吉在《杜牧之诗酒扬州梦》中所写的《混江龙》曲：

《杜牧之诗酒扬州梦》书影

江山如旧，竹西歌吹古扬州，三分明月，十里红楼。绿水芳塘浮玉榜，珠帘绣幕上金钩。（家童云）相公，看了此处景致，端的是繁华胜地也。（正末唱）列一百二十行经商财货，润八万四千户人物风流。平山堂，观音阁，闲花野草；九曲池，小金山，浴鹭眠鸥；马市街，米市街，如龙马聚；天宁寺，咸宁寺，似蚁人稠。茶房内，泛松风，香酥凤髓；酒楼上，歌桂月,檀板莺喉;接前厅,通后阁,马蹄阶砌;近雕阑,穿玉户,龟背球楼。金盘露,琼花露,酿成佳酝;大官羊,柳蒸羊,馔列珍馐。看官场,惯舞袖,垂肩蹴鞠;喜教坊,善清歌,妙舞俳优。大都来一个个着轻纱,笼异锦,齐臻臻的按春秋;理繁弦,吹急管,闹吵吵的无昏昼。弃万两赤资资黄金买笑,拼百段大设设红锦缠头。

虽是概说,但这段文字中还是可以看出当时扬州饮食的一些细节来。"接前厅,通后阁""近雕阑,穿玉户"说的是茶房酒楼的规模;"金盘露,琼花露""大官羊,柳蒸羊"说的是美酒与佳肴。看起来,当时扬州餐馆不只有美酒佳肴,还可以依红偎翠,拨阮调弦,餐饮的文化是比较发达的。

这段文字只提了两个菜"大官羊"和"柳蒸羊",这两个菜的来历可不一般。

大官羊是北宋时期就流行的名菜,直到明朝,还有不少诗人在吟咏它。黄庭坚就曾在诗中写过"春风饱识大官羊";陆游也曾写过"野蕨山蔬次第尝,超然气压大官羊。放翁此意君知否,要配吴粳晚甑香"。据邱庞同先生的《中国菜肴史》介绍,"柳蒸羊"是元朝的菜。它的制法很特别,是将带毛的羊放入地炉中,地炉中有烧红的石头,以柳枝制成的盖盖上焖烤而成。这种做法应该是蒙古人发明的。这个方法很明显不是蒸,但也不同于明火烤,这里的"蒸"应该是"焖"的意思,后来北京的焖炉烤鸭制法与它相似。关于北京烤鸭,有学者认为是明初由南京传到北京的。有这么一种可能:北方羊多,南方禽多,所以这北方的"柳蒸羊"传来南方后,被南方的厨师把原料换成了鸭,就成了烤鸭了,明朝初年又被南京的厨师带到了北京。元朝在江淮行省设了十多处"屯田打捕提举司",其中有扬州、淮安、高邮,负责江淮地区的湖泊山场渔猎,所获的鹅鸭有相当大的一部分被送进了大都的御膳房。这样看来,羊换成鸭是必然的。

### ◎财富催生的美食文化

扬州从南宋至清初历经战乱,但是战乱一平,地方经济就迅速繁荣起来。这当然是长江、运河赐予扬州的地理优势所带来的繁荣。明朝初年,朝廷招募了很多盐商到西北边远的地方,称之为商屯,而到弘治时,叶淇变法以后,商人们无利可图，原来江淮的商人纷纷撤资回到江淮地区，就连西北的商人们也随着一起迁居到淮扬一带。从明朝到清朝，来往扬州的商人以晋商、徽商、浙商为主。这些商人的到来，使得扬州经济进入烈火烹油般的鼎盛时期。

山陕会馆与湖南会馆

明清是扬州美食的鼎盛时期，但并不是一开始就达到高峰的。比如，在明代的隆庆、万历初年，扬州兴化地区的宴席就比较简陋。四个人一席，每席只有五个菜和五六碟点心和果品，饮酒也不多。清代康乾初期，扬州城里的饮食虽然奢侈，但乡村地区还是比较简朴的，饮酒常常是用一只酒杯，依次传饮，著名学者焦循的家乡就是这样的。但是在城乡财富迅速增长之后，这些简朴的风气均荡然无存，饮食风尚日趋奢侈。

明万历《扬州府志》说：“扬州饮食华侈、制度精巧。市肆百品，夸视江表。市脯有白瀹肉、熝炕鸡鸭，汤饼有温淘、冷淘，或用诸肉杂河豚、虾、鳝为之，又有春茧麟麟饼、雪花薄脆、果馅馇饦、粽子、粢粉丸、馄饨、炙糕、一捻酥、麻叶子、剪花糖诸类，皆以扬仪为胜。”这段话记载了当时扬州面食小吃的一些概况。由此可以知道，当时扬州饮食市场上面条（温淘、冷淘都是面条）、点心的品种相当丰富。到清代，扬州食肆中面馆非常兴盛，看来这基础在明代就已经奠定了。清代的面馆投资者往往是那些拥有巨资的商人，可见财富力量对美食文化的影响。盐商的饮食尤其奢侈，时人说他们饮食器具，备求工巧，宴会戏游，殆无虚日。

商人的财富给扬州带来的不仅是饮食的精美奢侈，更有就餐环境、饮食排场等方面的影响。这些商人们在扬州建造园林，当他们家道败落之后，好些园林又被后来者用来开设酒肆茶坊。扬州在唐及北宋时曾有茶产业，南宋以后就衰落了。到清朝时，茶叶生产没有再出现唐宋时的盛况，但茶肆却异常发达。李斗在《扬州画舫录》中说："吾乡茶肆，甲于天下。"自唐宋以后，茶肆就是中国人交流信息的场所，越是商业发达的地方，茶肆就越发达。因此，清代扬州茶肆的发达也与商业紧密联系。今人张起均先生在《烹调原理》一书中说："今日广东盛行饮茶之风，实则在茶馆吃点心，恐怕要上溯扬州之高风吧。"

商人们也推动了扬州饮食的雅化。在扬州的徽商中多有饱学之士，如马曰琯兄弟等。在他们的周围也聚集了一批文人雅士。他们的饮食活动是伴随着文学艺术活动一起进行的。此外，扬州的一些行政长官还常常召集文宴雅集。后人说扬州菜是文人菜，其实扬州菜的首要元素是"富"，而后才是"文"。

帝王巡幸为扬州饮食带来了"贵"气。帝王的饮食首先是由官方出面安排的，其饮食排场是从京城带来的。皇帝在扬州的饮食不光是在行宫里，很多是安排在盐商家里的。这时候，平常那些精美的饮食就需要进行"礼"的包装，要合乎制度。最大的饮食排场当数满汉席。一开始，这是为皇帝六宫百司准备的饮食，但当皇帝不再巡幸扬州，满汉席就逐渐成为商贾官员接风饯行的排场了。那种气焰熏天的富贵非一般人家可以想象。满汉席在清朝末年成为顶级奢华饮食的代名词。

清代的扬州商人以徽商与浙商为多，而此时正是扬州饮食最享盛名之时期，商人们带来了各自家乡的地方风味，所以现在的扬州饮食里有相当多的徽、浙风味。徽州商人对扬州饮食的贡献最大。徽州本地山多田少，很多人只能外出经商，其中相当一部分来到了扬州。他们在扬州挣钱，也在扬州消费，饮食消费大概是其中比较少的一部分,但也足以在扬州的饮食文化中产生重大影响了。这一点在后面的章节中会详细地介绍。另外,盐商家中仆役的收入也非常高,经常一个人的工钱可以养活全家。所以,扬州人很有闲情逸致来追求美食。直到现在,几个老扬州聚在一起,还常常谈论狮子头如何做法,谈论哪家茶社的早茶比较好。外人不知,还以为扬州满城都是名厨呢。

◎ **饮食活动的俗与雅**

古人说"食色性也",饮食大概是人生最俗的活动之一,俗到避无可避。元明清三朝,扬州的饮食业极为发达。饮食业的发达一方面与经济发达有关,另一方面,这个地方还得有"好吃"的民风才行。民风"好吃",当然是俗。

如何"好吃"? 清代扬州有一名菜"将军过桥",是用黑鱼做的。扬州人吃黑鱼,不仅吃鱼肉、鱼皮、鱼汤,还发掘出"黑鱼肠"来。黑鱼是肉食性的鱼类,肠子粗、短、肥、韧,煮烂后口感极佳。于是,当时的市井无赖声称:"宁丢爷和娘,不丢黑鱼肠。"语极粗俗,但一下就让人对黑鱼肠的美味印象深刻。陆文夫的小说《美食家》中的主人公朱自冶每天早晨要早起去面馆吃第一碗面,说这碗面最清爽可口。扬州也有很多这样的人,每天早晨赶去一家羊肉馆吃羊肉、喝羊肉汤。为口腹之欲如此辛劳,当然是俗。

扬州的饮食活动也雅。扬州从唐到清,一直就是诗酒文章的风流儒雅之地,这种风雅不可能不影响到饮食文化。这雅表现在两个方面,一是文人亲自下厨。不是说文人下厨就比普通人下厨要雅,而是这文人做出的菜不同于一般,往往会有些来历。如文人吴一山就曾复制出宋代名菜与名酒,这当然是普通的厨师无法做到的。另一方面,是文人往往把饮食与诗文创作活动联系起来,单纯的吃吃喝喝变成诗文酒会。

总的说起来,扬州人对饮食的态度是很雅的。比如,饮食活动的场所,常常选在园林、画舫之类的地方。在这方面,扬州的普通百姓与文人雅士的趣味完全是一样的。所以,清代扬州的园林食肆与画舫船宴非常流行。食肆的名称往往也耐人寻味,如"可可居""惜馀春""申申如""知己食"等等。在这些地方用餐,品出的多是食外之意趣。

清代袁枚在其《随园食单》中多处提及扬州的美食，阮元的舅父林苏门在《邗江三百吟》中对扬州的美食及饮食习俗也多有题咏。李斗所著的《扬州画舫录》更是记载了众多扬州饮食的资料。众多文人对饮食如此热衷，是有其时代背景的。首先，与唐宋相比，明清以来，文人的生活情趣大大超过了政治追求，而扬州经济文化的发展也提供了这样的条件与氛围。再有，明清以来政治上的黑暗，文字狱的迫害，也使得人们把更多的精力放在没什么风险的饮食上。当时江浙一带，写饮食著作的非常多，其中不乏文化名人。

《邗江三百吟》书影

◎《调鼎集》

《调鼎集》是一本清代菜谱大观的著作，也是清代的一部奇书。原收藏者是济宁"鉴斋先生"，后转赠于晚清东北书法家成多禄。成多禄得书后为之作序，称此书"不著撰者姓名，盖相传旧抄本也"。成多禄对这本书的评价很高，认为它与《周礼》《齐民要术》等书的价值相类，更引用《老子》"治大国若烹小鲜"的名言，赞扬这本书不仅是食谱，也是一部"治谱"。并根据书中所记饮食，推测原作者是躬逢太平盛世，才写出这样洋洋大观的著作来的。

关于《调鼎集》的作者，学术界是有分歧的。书中的一些地方曾提到过童岳荐的《童氏食规》及《北砚食单》。《北砚食单》在清人赵学敏所著的《本草纲目拾遗》中也称为《童北砚食规》。在《调鼎集》中《酒谱》序末，有"会稽北砚童岳荐书"的字样，而童岳荐的字是"砚北"，估计有可能是古人的笔误。于是就有人认为作者是童岳荐。那么这个童岳荐是何许人呢？据《扬州画舫录》记载，童岳荐是浙江绍兴人，在扬州经营盐业。《童氏食规》应该是他家饮食的一些记录。除这本书外，他还编过一本《善女人传》。看来他与其他盐商一样，对文化事业还是有一定的兴趣。盐商大约可算是扬州饮食最讲究的人群，以他的身份，家里编一本饮食制度的书是完全正常的。

上面的推理有点想当然。这本书编写的体例比较混乱，而且有一些内容出现在了晚于童岳荐的袁枚的《随园食单》中。因此，很多学者都认为这本书的成书时间要晚于童岳荐的活动时间，而且可能是经后人补充过的。还有一种可能性，学者们很少提到，《童氏食规》及《北砚食单》也可能是童岳荐家厨所做的工作笔记。中国人历来喜欢把文章挂在一个相对更有名的人后面，再加上当时的厨师大多没什么文化，于是这种可能性也就少人提及了。不论作者到底是谁，从整体来看，书中所收录的饮食大多数是江浙地区的。加之当时扬州是一个汇集四方美食的大都市，而童岳荐又长期寓居扬州，说这本书是一本扬州的饮食大全也不为过。

《调鼎集》共十卷。第一卷主要记的是各种调味品；第二卷是多种宴席；第三卷是特牲、杂牲类菜肴；第四卷是家禽类菜；第五卷是羽族和江鲜菜肴；第六卷是海味及其他荤素菜点；第七卷是蔬菜类菜肴；第八卷是茶与酒；第九卷是饭粥；第十卷是点心。

现代扬州最脍炙人口的美食大多数在书中都收录了，如文思豆腐、葵花大斩肉、芙蓉蛋、干菜蒸肉、粉蒸肉、徽州肉圆、蒸猪头、套鸭、蒸鲥鱼、荷包鲫鱼、酥鲫鱼等等。在筵席部分还分别出现了汉席与满席。由此可知，当时扬州上层社会的饮食有可能是按民族分的，用满席招待满人，用汉席招待汉人。这在清朝初期是很常见的情况，很多地方都有满席与汉席。但这里的满席与汉席开了后来《扬州画舫录》中"满汉席"的先河。

## 五、后运河时期的饮食

### ◎与运河一起衰落

清道光时期的盐法改革让两淮盐商手中的盐引一夜之间变成废纸，也让很多人的财富一夜之间蒸发。这是扬州衰落之始，但还不是最致命的打击。力度最大的打击来自于外部环境的变化。鸦片战争后，上海逐渐崛起，海运、铁路取代了运河、长江的地位,扬州才是真的衰落了。在这当中,更有太平天国对扬州雪上加霜的打击。当时,扬州正是清军与太平军对峙的前线。受此打击之后,扬州经历了近一个世纪的衰落。而江南因为地缘接近,受影响的程度较小,相比之下,扬州更显得衰败了。

在明清扬州鼎盛时期,扬州美食制作的主力军,开始并不全是扬州本地人,而是那些富商或官僚带来的家厨。但到了嘉道时期,这些商人在扬州生活日久,他们的家厨也逐渐本土化了。扬州衰落的时候,扬州本地的名厨纷纷外出去讨生活,很多人去了上海。二十多年前,在江淮民间曾有过一个故事,说上海一位银行家得了厌食症,吃什么都没胃口,家里几乎每天换厨师,而厨师们也以到他家里做菜为畏途。有一天,来了一个扬州厨师,在他家做的第一顿饭是粥和酱菜,这位银行家居然吃得有滋有味。后来的三天里,都是这一类清淡的饮食,也都吃得很好。慢慢地这个银行家的厌食症不药而愈。有人问这个扬州大厨有什么窍门,他说:"富贵人家平时醇浓肥鲜的东西吃多了,以至于倒了胃口。这个时候,什么山珍海味都不好吃了,只有清粥小菜最爽口。等他口味调整过来之后,再吃那些美味佳肴又会格外鲜美了。"故事不一定实有其事,但扬州厨师在上海闯出名堂甚至扬名立万的事情并不少见。上个世纪五十年代,上海著名的"莫有财厨房"创建人扬州著名厨师莫德峻、莫有赓、莫有财、莫有源父子四人,就曾经长期在银行和私人公馆厨房负责烹饪。1950年6月,他们在宁波路上海银行大楼三楼上的上海纱厂工商界人士联合俱乐部内开设了一个公馆式的厨房,可容纳

上海的扬州饭店

四五十人就餐。后来公私合营,成立了扬州饭店,成为沪上淮扬菜的领头羊。

扬州的名厨纷纷外出谋生计,更扩大了扬州菜在外的影响。《清稗类抄》在谈到饮食时就在多处提到扬州。光绪年间的《食品佳味备览》也记载:"扬州厨子做鱼翅最好,保定府次之,天津又次之。扬州的车螯最好,天下皆无。扬州的汤包好。邵伯湖的双黄蛋好。"对扬州饮食赞誉颇多,这与扬州厨师在各地的辛勤工作是分不开的。

扬州厨师大量外流,那么扬州本地的厨行工作由谁来做呢?据有关史料记载,继之者是淮安的厨师。淮安的饮食也极精美,其运河边的河下镇在清代号称"小扬州",淮安府治所在的楚州城被称为"地主城",这里也是个富商云集的消费型城市。运河的衰落也带来了淮安的衰落,当地的厨师在外出打工的时候,首先选择了扬州。这使得淮安、扬州两地的饮食在日渐衰落的大时代背景下进一步融合。淮扬菜今天的面貌与当时厨行人员的流动有一定的关系。比如《食品佳味备览》里说的"扬州的汤包好",这汤包就是淮安的厨师传来的。后来朱自清先生还在文章中说到过这件事,并说出"扬州人不得掠美"的话来,可见当时扬州人已经将"汤包"视作本土的美食了。其他地方的厨师也有在扬州做得很出名的,如晚清时在教场开"惜馀春"餐馆的福建人高乃超。据记载,现在的扬州名点翡翠烧卖等就出自惜馀春。

1990年前后,中国的改革开放已经深入人心,扬州的经济正处于起飞的前夜。此时扬州饮食的名气虽然不小,但基本上还是在吃清朝的老本。饮食业也不是很发达,有名的店只有富春茶社、菜根香、绿杨春、扬州大酒店、西园宾馆、扬州宾馆、月明轩等有数的几家。那段时期,有几家生意好的,往往是经营粤菜的。之后四川菜、杭州菜进入扬州,生意也比一般的扬州饭店好。这说明扬州与其他地区的饮食交流已经很少了,所以外地的饮食只要进入扬州,就会让本地人觉得非常新鲜。

◎ **把饮食当学问来做**

1983年,恢复高考后不久,扬州发生了一件在饮食界与教育界都有轰动效应的大事：经国家教育部批准，江苏商业专科学校成立了"中国烹饪系"。饮食问题居然可以拿到大学校园里去研究！烹饪技艺居然可以拿到大学课堂上去传授！

孟子说过："饮食之人，则人贱之。"这使得中国几千年的历史中，堂堂正正研究饮食的著作寥若晨星。唐宋经济的发展，使人们可以比较开放地来看待饮食问题，在许多著作中都有关于饮食及饮食逸事的记载。明清时期，人们对于饮食问题的研究进一步深入，更出现了第一本专门研究饮食的专著《随园食单》，提出了比较系统的烹饪理论。更有划时代意义的是，《随园食单》的作者袁枚还为一个厨师王小余写了一篇传记，这在中国饮食史上是空前的。再后来，孙中山将这个问题写进了《建国方略》。可以说，中国的有识之士自唐宋以后就认识到烹饪问题的重要性。但是，毕竟在人们的心目中，饮食作为职业，却不是有为之士的志向。直到民国时期，才在私立北京辅仁大学、私立金陵女子文理学院的家政专业开了一门烹饪课。

新中国成立后，烹饪成为众多中等职业教育的一个专业。1959年，扬州创办了扬州商业学校，其烹饪专业成为全省乃至全国有名的品牌，为社会培养了一批优秀的厨师，也使得烹饪理论的研究上了一个新的台阶。江苏商业专科学校的中国烹饪系是在这个基础之上整合了各方资源建立起来的。当时，全国研究烹饪的有八位著名学者，被戏称为"八大金刚"，其中聂凤乔、陶文台、邱庞同三位先生都在中国烹饪系任教，可见当时扬州饮食文化研究水平之高。扬州的饮食文化研究成果丰硕，原料学方面有聂凤乔先生的《蔬食斋随笔》；饮食史方面有陶文台先生的《中国烹饪史略》，邱庞同先生的《中国面点史》和《中国菜肴史》，章仪明先生主编的《淮扬饮食文化史》；烹饪学理论方面有季鸿崑先生的《烹饪学基本原理》；饮食养生理论方面有路新国先生的《中国饮食保健学》。此外，还有一大批中青年专家在多个方面对饮食文化进行着深入的研究。1993年，已经并入扬州大学的中国烹饪系开设了烹饪与营养专业本科和烹饪教育函授本科教育。2004年后，扬州大学的旅游烹饪学院又把烹饪教育上升到硕士研究生层次，饮食成为与其他学术一样可以登堂入室的学术问题。除扬州大学旅游烹饪学院外，扬州商务高等专科学校、扬州生活科技学校等中等职业学校也都开设有烹饪专业，其毕业生在全国享有较高的声誉。

早在烹饪高等教育创办之初，钱学森先生就为烹饪下了一个定义："烹饪是科学、是艺术，属于文化范畴。"现代扬州的烹饪教育正在落实这个定义，除了前面说的文史、保健等方面的成果外，在科学方面也取得了重大的突破。扬州大学旅游烹饪学院的营养学专业是中国较早研究普通人饮食营养的，相对其他院校的临床营养、运动营养等专业，具有鲜明的特色。2007年，该系周晓燕、张建军、唐建华三位老师与深圳繁兴公司、上海交通大学合作，研制出了世界第一台烹饪机器人，可以烹制出多种口味的菜肴，烹饪水平超过了一般的厨师，在饮食业与科技界引起了很大的轰动。中国的烹饪是极其复杂的手工劳动，现在居然可以由机器人来操作，可见这许多年来，该系教师在烹饪理论上的造诣之高。

### ◎饮食文化重放光彩

经历了清末的衰落、民国时期的凋敝和建国初期的沉寂，现代的扬州饮食随着全国的改革开放又进入了一个繁盛的时期。

首先是饮食业的发达。在改革开放之前，扬州的饮食业基本上延续着清末民国的那几种业态，如宾馆、饭馆、小吃店、茶食店等。改革开放之后，快餐店、西饼店、酒吧、茶楼、茶餐厅各种业态均有。中式餐饮除了本地风味的饭店，粤菜、川菜、杭菜、湘菜的生意也都非常好。国外餐饮也进入了扬州市场。由于近些年来扬州的韩国人很多，所以出现了十几家韩国餐馆，这些餐馆的经营者有韩国人，也有中国人；经营日本饮食的也有，不如韩国餐馆的生意好；经营西餐的较少，目前做得好的是京华大酒店。上世纪90年代，四望亭路改造成现代扬州城的第一条美食街。进入本世纪后，扬州的西区逐渐发展起来，也出现了几处美食街。美食街的餐馆大多价位适中，菜肴风味相当丰富，餐馆风格从阳春白雪到下里巴人都有，是扬州人餐饮消费最主要的去处。

其次是饮食文化推广做得好。改革开放以后,扬州与外地的烹饪技艺交流日益频繁。一开始,饮食业还是由饮服公司管理运营的时候,这些交流活动基本上都是官方的。后来,私营饭店越来越多,这样的交流活动就以民间为主了。这些交流活动丰富了扬州饮食的内容与餐饮企业的业态。但是对扬州饮食文化影响最大、最深远的是文化推广方面的工作。择其要者来说,有红楼宴的研讨、淮扬菜之乡的论证、厨师节的举办、淮扬菜博物馆的落成。

扬州红楼宴的研制不仅动员了本地的学者与厨师,还把全国的红学家、新闻媒体与演艺明星都调动起来了。为红楼宴进行鼓与呼的著名学者有冯其庸、李希凡、曲沐、王世襄、王利器、邓云乡、周绍良等人。在上世纪80年代中期至90年代初,全国红学会多次在扬州举行大型的学术研讨会。报道扬州红楼宴的媒体有《人民日报·海外版》《解放日报》《新华日报》《中国食品报》《中国旅游报》《人民文学》《红楼梦学刊》等30多家报刊;中央电视台、中国教育电视台、江苏电视台、广州电视台等都作了报道;国外,美国的《纽约时报》、新加坡的《联合早报》、日本的《朝日新闻》、澳大利亚的《堪培拉时报》也都作了报道。宣传的力度可以用铺天盖地来形容。电视剧《红楼梦》的主要演员也纷纷品尝红楼菜。1989年12月,《红楼梦》艺术展在广州举办,扬州厨师带着红楼宴前往参展。演王熙凤的邓婕、演林黛玉的陈晓旭、演元春的成梅、越剧《红楼梦》的宝玉徐玉兰、电影《红楼梦》的宝玉夏钦、电视剧《红楼梦》的宝玉欧阳奋强、演贾母的林默予等等,一同品尝了扬州厨师亲自烹制的红楼宴,留下大量的溢美之辞。1990年12月,曲艺明星姜昆、陈佩斯、朱时茂等人下榻扬州西园宾馆,扬州市政府有关部门也用红楼宴来招待他们。

2001年,扬州以"烹饪美食王国"的傲然姿态获得了中国烹协颁发的"扬州——淮扬菜之乡"的美誉。扬州"三把刀"再度引人注目,声名鹊起。淮扬菜之乡的论证是现代扬州饮食文化发展中的一件大事。淮扬菜是自晚清民国以来,人们对江淮地区美食的一个总的称呼。因为这一地区中,北边的淮安与

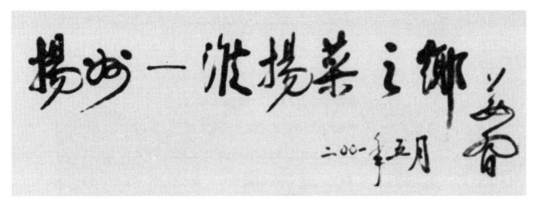

原商业部副部长姜习为淮扬菜之乡题字

南边的扬州都是饮食文化极其发达的地方，所以就用作江淮美食的代表了。淮扬菜之乡是中国菜系之乡的滥觞，其论证活动集中了中国饮食文化、民俗文化研究的一大批专家。

作为中国第一个菜系之乡，当年的扬州在全国范围内引起了极大的轰动。其后不久，淮安也进行了淮扬菜之乡的论证，并在 2002 年挂牌。扬州、淮安两地淮扬菜正宗的争论没有太多学术上的意义，但是促进了两地烹饪技术的提高。在争论中，扬州与淮安都举办过淮扬菜美食节，都编写出版了精美的淮扬菜画册。从总体上来说，这样的竞争扩大了淮扬菜在全国范围内的影响。

2009 年 10 月 18 日，第 19 届中国厨师节在扬州盛大开幕。本届厨师节由中国烹饪协会和扬州市政府主办，扬子江集团承办。其间，举行了第二届高等学校烹饪技能大赛暨首届全国高校餐旅类专业创业大赛、首届中国市长餐饮发展论坛、2009 年中国餐饮业博览会暨中国（扬州）国际餐饮业供应与采购博览会等 15 项主要活动。全国各省市的代表团及名厨和来自美国、日本、澳大利亚、德国、韩国等世界二十多个国家和地区的海外同仁数千人相聚扬州，切磋技艺，交流经验。　这是扬州自"淮扬菜之乡"挂牌后的又一盛事。国务院原国务委员兼秘书长、第十届全国政协副主席王忠禹，水利部原部长、第十届全国政协常委、民族宗教委员会主任钮茂生，国家商务部副部长姜增伟，原

中国淮扬菜博物馆

商业部副部长张世尧,世界厨师联合会主席古德穆德森,中国烹饪协会会长苏秋成,参加首届中国市长餐饮发展论坛的 19 个城市的市长和嘉宾以及来自各省市餐饮行业的嘉宾出席开幕仪式。

2005 年,扬州曾经建了一个淮扬菜博物馆,博物馆的选址在清代卢氏盐商的旧居,很能体现扬州饮食文化的特点,是当时中国第一家饮食文化博物馆。2010 年 1 月 15 日,中国淮扬菜博物馆重新建设完工开馆,地址还在老地方,内容设备都非旧馆可比。扬州市委常委、宣传部长袁秋年,副市长王玉新等领导出席了中国淮扬菜博物馆开馆仪式。博物馆以食物、文字、图片等方式集中展示了从先秦到当代的美食传承史。更值得一提的是,这个博物馆是一个可以互动的博物馆。人们不仅可以通过馆中陈列来了解扬州的饮食文化,还可以品尝馆内精美的扬州美食,直接感受扬州菜之美。

# 第二章 扬州饮食的地域影响

　　原料是扬州饮食文化的物质基础。扬州自古以来临海滨江,土地肥美,物产极其丰富。在明清以前,水产原料极江海之富,现在则以淡水原料为主。发达的农业与家庭养殖业为扬州饮食提供了优质的禽畜类原料。除了本地的原料外,南来北往的客商也为扬州带来了其他地方的特色原料,这些也丰富了扬州饮食文化的内容。如扬州本不产鱼翅,但在明清时却以烹制鱼翅而闻名。运河与长江带来的财富造就了扬州的饮食文化,也把扬州饮食文化传到了四面八方。明朝时,扬州有很多来自山西的商人。而清朝之后,扬州商人则以安徽、浙江人为主。他们为扬州带来了各自家乡的美食文化,并在这里孵化、融合到本土饮食文化中。同样地,这些客商在回家以及四处经商的时候,也把扬州的饮食带往各地。自元至明清,扬州菜馆如雨后春笋一样出现在国内的大中城市,以及国外的一些主要城市。

# 一、地方物产

## ◎水陆物产

扬州地处长江下游。在三代乃至春秋前期，中国东部沿海的海岸线还没到今天的这个位置，江淮地区基本上还属于一个滨海之地，直到唐朝张若虚写《春江花月夜》时还说"春江潮水连海平"。当时的扬州有波涛汹涌可与钱江潮相比的海潮"广陵涛"，直到清朝乾隆时期，扬州的运河上还时常有江潮。如今仪征一些地方的土丘就是大量贝壳沉积而成的，而且处于非常浅表的位置。看了这样的地方，即使没有专业的考古学、历史地理学的知识，也可以想象出当时人们在海边捕捞的场景。

"春江潮水连海平"，唐人张若虚是这样描写扬子江涨潮的情景的。从淮夷时期起，扬州一直是个近海的城市，直到清朝时，扬州市场上还有很多海产。常见的有蚌蛤、鱼翅、鳆鱼、海参、海虾、海蜇、带鱼、黄花鱼、苍鳊、勒鱼、红蓼鱼、鞋底鱼等等。

关于扬州地区的特产，最早的文字记载是《尚书·禹贡》："淮夷玭珠暨鱼。"当时的淮夷人用珍珠和鱼作为贡品，看来这两者当时被认为是这里有特色的物产。珍珠是用来装饰的，但产珍珠的蚌却是可食的。淮夷人剖蚌取珠，珍珠拿去与中原的部落搞双边关系，蚌则可以拿来做食物。产珍珠蚌的地方可能是今天安徽的蚌埠，也可能是海中的珠蚌，这两处都是淮夷活动的地方。如今，扬州与蚌埠的居民都喜欢用蚌来做菜，或许源头就在这里。

与蚌相似的是蚶蛤，这是一种海产的小型贝类，色白如玉，有斑点。扬州人食蚶蛤的历史不知道有多久。从南北朝以后，关于蚶蛤美味的记载在历史上开始多起来。许多文人曾作诗文吟咏，地位比较高的有梁元帝，他在《谢蚶蜅蛾启》中说："蜅蛾,味高食部,名陈物志"。隋炀帝也非常喜欢吃蜅蛾,据说他吃掉的数量在千万以上。宋代的欧阳修在初次吃了蜅蛾以后,感慨自己与蜅蛾相见恨晚,他在诗中写道:"此蛤今始至,其来何晚邪。蛾蜅闻二名,久见南人夸。璀璨壳如玉,斑斓点生花。含浆不肯吐,得火遽已呀。共食惟恐后,争先屡成哗。但喜美无厌,岂思来甚遽。"欧阳修应是在当时京城汴梁吃到蜅蛾的,从诗中所写的来看,还很新鲜,很可能是从运河运到京城的。蜅蛾就是今天南通非常有名的"文蛤",为扬州人所爱食。清代

蜅蛾

李方膺《鲇鱼图》

的扬州还有著名的面食"蜅蛾糊涂饼",后面还会再提到。

随着海岸线离扬州越来越远,扬州的水产就主要以淡水产品为主了。比较著名的有号称长江三鲜的鲥鱼、刀鱼、鮰鱼,高邮湖和宝应湖的螃蟹,以及遍布大小水巷池塘的青鱼、草鱼、白鱼、白鲢、花鲢、鳜鱼、鳊鱼、鲤鱼、鲫鱼、黄颡、虎头鲨、鲹鲦鱼、黑鱼、银鱼、黄鳝、青虾、河蚌、螺蛳。水产植物主要有藕、菱角、莲子、鸡头、芋头、水芹、荸荠、茨菇等等。

鲶鱼也叫鲇鱼,是扬州地区较为常见的,长相丑陋而味道鲜美。因为长得丑,一般稍上点档次的宴席都不会用它。

农业方面,扬州盛产稻米。从高邮龙虬庄遗址可以看到,约在 6000 年前,

扬州的先民们就种植水稻了。今天高邮所产的大米品质还是非常地优越,是江苏省著名的品牌。扬州也产小麦、玉米、荞麦等粮食,但产量与质量都不能与稻米相比。稻米的品种很多,常见的是白米,还有红米和绿米。加工的精度不一样,米的质量也不同。据汪曾祺说,高邮加工米有"头糙""二糙""三糙""高尖"几个等级。头糙米卖给那些干体力活的,只碾一道,颜色紫红;二糙、三糙比较白,买这米的是一般的城市居民;高尖米只卖给那些高门大户,一般人舍不得吃。这是古代的情况,现代的米则是一色的白米。

蔬菜品种很多,大多是南方常见的。扬州产的茄子是细长型的,吃的时候不用去皮,北方常见的圆茄子在扬州基本上看不到。扬州多水,所以也多藕与莲子,好多名菜是用莲的不同部分来做的,比如有桂花捶藕、蜜汁莲子、荷叶粉蒸肉等等,宝应的厨师还以藕为原料做出了全藕席。青菜品种也不少,冬天时有瓢儿白,菜帮子是白的,菜叶是绿的,吃在嘴里非常细腻,没有渣滓;春夏季有鸡毛菜,鸡毛的名字是说这菜小如鸡毛,这菜用来烩肉圆极其清鲜;冬春之交有菜苔,就是正在抽苔的青菜,很多蔬菜一抽苔就变老了,但扬州的菜苔从菜叶到中心抽的苔都是很嫩的,是很受欢迎的时令蔬菜。萝卜也与众不同。淮安的萝卜有青皮、红皮两种,南京常见的是粗大的萝卜,俗称"南京大萝卜"即是由此而来。扬州的萝卜是小巧精致的白萝卜,握在手心里大小正合适,咬一口水嫩嫩、甜津津的。另外,冬春之际还有青皮红心的圆萝卜,常被当作水果来卖。

古代的城市里还是有一些菜田的。扬州一些有名的蔬菜就产在城市里,如二郎庙的苋菜、梅岭的菜心等等。现在,这些地方早被住房占据,旧时的名产只剩下了个名字。

明代王磐写的《野菜谱》收录了很多扬州地区的野菜。现在,扬州常吃的野菜有马兰头、香椿芽、荠菜、枸杞头、秧草、菊花脑、金针菜、地塌菜等。大部分野菜已经被驯化,其中的"秧草"更有规模化种植,经过工业化生产,成为扬州小菜著名的新品种。

肉类原料猪、牛、羊都有。牛肉用水牛,同为淮扬菜重镇的淮安人则主要用黄牛。因为扬州的农村好多地方是水田,水牛是主要的农用牲畜,而淮安相对旱田多些。这本来是农业差别产生的饮食差别,进而成为人们的饮食习惯。现在扬州虽不用水牛耕田了,但人们依旧喜欢吃水牛肉。最出色的是对猪肉的运用,以猪肉为原料的菜占了扬州菜相当大的比重。有人曾戏言"扬州菜是猪八戒打滚",扬州人还真就把戏言做成了事实。在扬州民间筵席中就有猪八样,八样菜都是猪身上的原料制作的。有人以为扬州的猪八样已经有上千年的历史。以猪肉为原料的美食还有"扒烧整猪头""狮子头""鲜肉蒸饺"等等。现在人都知道浙江的金华火腿、云南的宣威火腿,其实扬州也曾经出产质量很好的火腿。《扬州画舫录》中就记载了一家有名的火腿店"杨森和",在金华火腿行销全国时,杨森和火腿也能从中分得一杯羹。现在扬州的肉品加工业已经没什么亮点,只剩下普通百姓自制的腌肉。唯近年来扬州邵伯人用古法制作的香肠,风味堪称上品。

扬州北郊的大仪以及黄珏、菱塘等地的养鹅业相当发达。尤其是菱塘,别处养鹅常常是喂一些比较杂的饲料,像水草、菜叶之类,菱塘人养鹅是专门种了喂鹅的草。他们称为种草养鹅,这是近十多年才发展起来的。扬州街头巷尾经常可以看到卖盐水鹅的,而周边地区的人多喜欢吃鸭子,尤其是近在咫尺的南京。盐水鹅几乎是今天扬州美食的一个标志,但据一些80多岁的老人回忆,扬州人吃鹅的历史并不长。在《调鼎集》一书中也没有关于盐水鹅的记载。所以很难说得清,是扬州养鹅业催生了盐水鹅,还是扬州盐水鹅催生了扬州养鹅业。

扬州的美食很大程度是在本地原料的平台上成长起来的。如扬州酱菜所用的宝塔菜,是江淮地区的特产;扬州的高邮湖产鸭,于是扬州人用鸭做出了著名的三套鸭;春季青菜有菜薹,扬州人用它来做河蚌菜薹。有些原料很早就落户扬州,

菱塘鹅养殖场

以至于被人们认为就是扬州的土产,比如扬州酱菜中的乳黄瓜,只有手指大小。据扬州地方志记载,这乳黄瓜是汉代张骞通西域时带回的种子。按这个说法,黄瓜落户扬州已经有1800多年的历史了。此说不知真假,因为中国其他地方用的都是正常大小的黄瓜,就连与扬州地域相接且同样以酱菜闻名的淮安,也不见有这种乳黄瓜,所以被认为是扬州特产,也不算错。

## ◎ 碧粳与绿米

扬州是鱼米之乡,稻米生产一直是扬州农业的主要内容。高邮、邗江等地都出产高质量的稻米。此外,扬州还出过一种稀奇的绿色的米。

《红楼梦》中有一道美食叫"碧粳粥"。从字面上看,"碧粳"就是绿色的粳米。白色的粳米是生活中最常见的,其次是红米和黑米,绿色的粳米实在是少见呢!贾府是皇亲国戚、富贵人家,能吃到这样稀罕的绿米很正常。但是"碧粳"是不是真的存在,会不会是小说家言呢?如果是真的,这"碧粳"又是什么米呢?

中国古代的道士相信,有一种叫"青精饭"的食物有驻颜的功效。唐代李白有诗"岂无青精饭,使我颜色好",说的就是这种功能。李白有过多次学道的经历,估计是吃过这样的饭吧。关于"青精饭",历来有多种说法。有说这是用染色的米做出来的饭;有说这是没有完全成熟的稻子碾出来的米;也有说"青精饭"是用黑米做出来的,因为古汉语里"青"与"黑"有语意重叠的地方,比如有个成语叫"青眼相加",而中国人的眼球基本是黑的。

对于"青精饭"的前两种解释也被用在了"碧粳"上,但都有点问题。以贾府的富贵,如果只是普通的染绿的米,应该不会当一回事的。所以,碧粳米绝无可能是经染色而成的。那么有没有可能是没完全成熟的稻子碾出来的呢?这个可能性是有的。没完全成熟的稻子确实会有绿色,这样的米灌浆不充分,质地较松,晒干时外壳易起绉,碾米脱壳时比较容易断裂。虽然可能风味不错,但显然产量不高,品相也不太好。

清代谢墉《食味杂咏》记有一种绿色的米:"京米,近京所种统称京米,而以玉田县产者为良,粒细长,微带绿色,炊时有香。其短而大、色白不绿者,非真玉田也。"其赞玉田米诗:"京畿嘉谷万邦崇,玉种先宜首善丰。近纳神仓供玉食,全收地宝冠田功。泉溲色发兰苕绿,饭熟香起莲瓣红。人识昆仑在天上,青精不与下方同。"很多人认为,这"京米"就是《红楼梦》中的"碧粳"。

汪曾祺先生在小说《八千岁》中也写到了一种绿色的米:"晚稻香粳——这种米是专门煮粥用的。煮出粥来,米长半寸,颜色浅碧如碧螺春茶,香味浓厚,是东乡三垛特产,产量低,价极昂。"三垛是高邮地名,汪曾祺先生是高邮人,他所写物产也多是实有的。汪先生所写与谢墉所写的似乎是一种米,细长、淡绿、煮的时候有香味。如果真是同一品种的话,哪里会是它的原产地呢?

日本人真人元开写的《唐大和上东征传》中说,鉴真东渡日本携带的物品中有绿米。鉴真带去日本的绿米应该是作为种子用的,而灌浆不充分的米是不太可能作为种子用的,所以它应该是一种米的品种。因为鉴真大师渡海六次才到的日本,最后一次是秘密乘船至苏州黄泗浦,转搭遣唐使大船去的日本,所以鉴真所带的绿米可能是扬州所产,也可能是苏州所产。我个人觉得产于扬州的可能性比较大。

如果鉴真带去日本的绿米与京米、晚粳香稻、碧粳米是一回事的话,我们可以大概

《唐大和上东征传》书影

知道这种米的情况了:这是一种晚稻,细长粒、淡绿色、煮时有香气,出产于扬州附近,曾被鉴真带去日本,清朝时成为贡米,并移种到京师的玉田县。高邮三垛现在已经看不到绿米了,甚至已经无人知晓。

## ◎ 河豚

河豚是长江中下游的著名食材,因为美味且有毒而名声益著。北宋时期,河豚成为人们经常吃的美味,梅尧臣、苏东坡、范仲淹等人都很喜欢吃。尤其是苏东坡,不仅吃河豚,还吃过"西施乳"(河豚的精白,剧毒)。据说他任常

河豚

州团练副使时,吃过河豚并留下"也值一死"的感叹,这就是"拼死吃河豚"的由来。后来清人周芝良有诗云:"值那一死西施乳,当日坡仙要殉身。"说的就是这个典故。大多数人对吃河豚是持谨慎态度的,沈括在《梦溪笔谈》中说:"吴人嗜河豚鱼,有遇毒者,往往杀人,可为深戒。"

早在《山海经》中已有吃河豚的记载:"鲀之鱼,食之杀人。"这个记载同时说明了另一个问题:人们很早就发现了它的美味。晋代文学家左思的《吴都赋》中就记载了建康一带烹制河豚的情况。到了唐朝,河豚更是成了宫廷美食。据史料记载,唐玄宗曾赐"鲮鲕鱼"给李林甫,这"鲮鲕鱼"就是河豚鱼。李林甫上《谢食状》表示感谢:"鲮鱼、鲂、鲑等降自天厨,中使炮烹,皆承圣法。"可见这是皇帝觉得好吃才赏给李林甫的。至明代,宫廷里甚至出现了河豚宴。让帝王将相去拼死吃河豚,哪个厨师也没那个胆。所以,必定是殚精竭虑,确保安全的。

明清时期的河豚制作要求是极其严格的。《宋氏养生部》说制作河豚要去掉鱼眼、鱼籽、鱼鳍、鱼血等。《三风十衍记》记载的清代河豚制法更加详细:"河豚数只割去眼,抉出腹中之子,刳其脊血,洗净,用银簪脚细剔肪上血丝尽净,封其肉,取皮全具。置沸汤煮熟,取出,纳之木板上,用镊细钳其芒刺,无遗留。然后切皮作方块,猪油炒之,入锅烹之。启镬时,必张盖其上,蔽烟尘也。用纸丁蘸汁燃之则熟,否则未熟。每烹必多,每食必尽,则卒无害。"直到现在,烹制河豚的方法也没什么大的变化,但厨师的小心比书中所言有过之无不及。有老师傅烹制河豚,必定要在砧板边上放一块白布,将鱼籽、鱼眼及其他内脏——排列其上。宰杀后检查,如果缺了一样,这鱼就不敢吃了。操作现场的上方还要张一把伞,以防蜘蛛丝掉进去。因为人们认为蜘蛛丝与河豚混在一起是会产生毒素的。

"河豚美味四方知,最是江洲春暖时。白煮红烧齐上宴,皇家御膳不如斯。"这是江苏著名学者李名方先生对扬中河豚宴的赞誉。扬子江两岸很多地方都善烹河豚,如泰兴、扬中、靖江、张家港等地。每年春暖花开,清明前后,各地老饕纷纷来到这些地方,一饱口福。河豚烧秧草是传统的美味,斑子(小河豚)烧扁豆、白煨河豚也很常见。近年来,扬中的厨师更是推出了全河豚宴,计12道菜,仅其中的全式河豚炒饭就经过河豚骨熬汤、河豚汤煮饭,用米饭与河豚油、河豚肉、河豚皮一起炒等工序,极为繁杂。一席河豚宴,至少要用35条河豚鱼。

虽然有技术过硬的厨师精心烹制,但河豚鱼的毒还是很可怕的。没有人会说:"我请你吃河豚吧!"那等于是邀请客人去拼死。此时一般会说:"某时吃河豚,多双筷子呢。"听的人心领神会,去与不去自己拿主意了。入座之后,客人会象征性地掏出一元钱,表示这河豚是自己买的,吃出什么问题概由自己负责。烧好以后,厨师将河豚端上桌,当着客人的面尝一块。半小时后,厨师安全无事,客人方才动筷子。此时客人不能只顾着吃,按规矩要给尝菜的厨师一个红包,表示感谢。河豚身上最美味的是鱼皮,也是最难以下咽的。说它美味,是因为鱼皮靠肉的一面,腴滑无与伦比。说它难以下咽,是因为长鳞的一面粗糙刺口,要将鱼皮翻卷起来,将正面包在里面,然后囫囵吞下。一旦咬破,绝如芒刺在喉,即使不咬破,那也不是什么人都能吞得下去的。

食河豚时,店家一般还会准备解毒剂——粪清。一旦中毒,即灌之,中毒之人会将刚才所食吐出。这个方法在民间流传很广。现在还有灌肥皂水的。才食美味,又灌了这些东西,真是有多大的口福,就有多大的风险。现在烧河豚的厨师要经过严格的培训考试才能上岗,基本上杜绝了食河豚中毒的事件。现在扬州及周边地区河豚很多已经是无毒品种了,想吃河豚,不用拼死,粪清之类煞风景的解毒剂当然也就不用了。

## ◎ 鲥鱼

鲥鱼为洄游性鱼类,入江河产卵时,鱼群集中,形成捕捞旺季。主要产地在长江流域,以下游扬州、镇江、南京产量较多,富春江与南方的珠江也有出产。鲥鱼在汉代就已经是相当有名的美味了。传说严子陵就是以鲥鱼味美为借口,推辞了光武帝刘秀的入仕邀请。严子陵钓鱼的地方是富春江。

明朝时,鲥鱼作为地方珍味充供御厨。明朝何景明有一首《鲥鱼》诗:"五月鲥鱼已至燕,荔枝卢橘未应先。赐鲜遍及中珰第,荐熟应开寝庙筵。白日风尘驰驿骑,炎天冰雪护江船。银鳞细骨堪怜汝,玉箸金盘敢望传。"写的就是当时上贡鲥鱼的情况。严子陵钓过鱼的富阳县也承担了贡鱼的任务,弄得民怨沸腾。当地小吏韩邦奇写了一首《富阳谣》,道尽民生的困窘,终于使朝廷终止了这个地方的鲥鱼贡。嘉靖十一年,湖北官员请求朝廷取消湖广地区的贡糟腌的鲥鱼鲊,结果嘉靖帝御批说:"这鱼鲊著照旧进贡。"

清代,鲥鱼依旧是贡品。曹寅在《楝亭诗钞》中说他曾负责向朝廷进贡鲥鱼。曹寅久在江宁、扬州任职,所以他所贡的就是产于扬子江的鲥鱼。当年曹寅所贡的并不是鲜鲥鱼,而是经过腌渍的鲥鱼。关于这一点,在故宫博物院

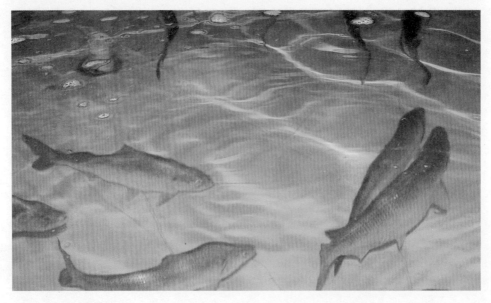

养殖场里的鲥鱼

明清档案部编的《关于江宁织造曹家档案史料》中有记载。据胡昭棠先生对《楝亭诗钞》中《鲥鱼》诗的考证，康熙三十九年，康熙帝罢鲥鱼之贡。也有人认为，康熙帝罢鲥鱼之贡，是因为康熙二十二年，山东按察司参议张能麟写了一道《代请停供鲥鱼疏》，列举了鲥贡给百姓和地方官员带来的种种灾难，康熙这才下定决心："永免进贡。"但是，更可能是因为腌过的鲥鱼没有想象中的美味，罢贡鲥鱼只是皇帝的顺水人情。

　　传说鲥鱼非常爱惜自己的鳞片，一旦被网住就一动不动。鲥鱼是不是爱惜自己的鳞片只有它自己知道，但人们对它的鳞片确是非常爱惜的。因为它的鳞片中有很丰富的脂肪，蒸出来，鱼肉非常滋润，所以烹调鲥鱼不用去鳞。不过这有个时间限制。鲥鱼最美味的是端午之前，过了这个时间，鱼鳞变硬，风味大减。何景明诗中说"五月鲥鱼已至燕"就是这个原因。农历五月，天气已经相当炎热了，鲥鱼又是很易腐败的，所以运送鲥鱼的船上要用大量冰块来保鲜。也因此，鲜鲥鱼在清朝的北京是稀罕物，诗人朱彝尊一次得了皇帝赐的鲜鲥鱼，作了一首诗以记之："京口鲥鱼二尺肥，黄梅小雨水平矶。乍黏越网千丝结，早见燕山一骑飞。翠釜鸣姜才敕进，玉河穿柳旋携归。乡园纵

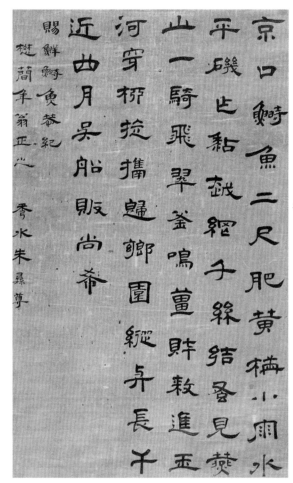

朱彝尊鲥鱼诗

与长干近,四月吴船贩尚稀。"依诗来看,朱彝尊受赐鲥鱼是在四月,而此时的扬州、镇江还很少能见到鲥鱼上市呢!

扬州人是很有口福的。清人有诗说:"樱桃市上买鲥鱼。"每年春天,樱桃上市的时候就是鲥鱼上市之时,这时的鲥鱼是扬州富裕人家必有的美味。鲥鱼的吃法多为清蒸,《随园食单》中便说过,治鲥鱼"加清酱、酒娘亦佳"。清酱类似于今天的酱油,酒娘就是酿制糯米甜酒的酒糟了,用这两种调料来蒸鲥鱼风味非常清雅。现代扬州厨师清蒸鲥鱼一般不用这种方法,常见的是在鱼身盖上猪网油的。不过,随着人们营养观念的改变,低脂食物逐渐受到青睐,《随园食单》中的古法又开始受到人们的重视了。

与扬州人对鲥鱼的钟情相比,江西人却把它看成不祥的鱼。明代陆容所著《菽园杂记》记载:"鲥鱼尤吴人所珍,而江西人以为瘟鱼,不食。"一江之上,风俗不同如此。古人说:"口之于味有同嗜焉。"为什么在对待鲥鱼的态度上会有不一样? 除了前面所说鲥鱼贡给人们带来的压力外,还因为鲥鱼从大海洄游到江西段以上的长江时,肉质已经粗劣,与扬子江的鲥鱼不可同日而语了。

### ◎ 鮰鱼与鮆鱼

鮰鱼和鮆鱼是长江下游的著名特产,与鲥鱼一起被称为长江三鲜。

关于长江三鲜,还有另一说:鲥鱼、鮆鱼与河豚。这也有点道理,鮰鱼与河豚经常被人一起比较,最有名的一句话是:"雪白河豚不药人。"这话是苏东坡说的,意思是鮰鱼有河豚的美味,没有河豚的风险。明代著名的文学家杨慎对鮰鱼另有评价:"河豚有毒能药人,鲥鱼味美但刺多。"鮰鱼多肉无刺,也无毒,兼有河豚、鲥鱼之美。

鮰鱼也称江团、长吻鮠、灰江团鱼。无鳞,皮肤颜色有白、灰两

鮰鱼

种。白色鮰鱼为养殖品种,灰色为野生品种。长江中下游地区是鮰鱼的主要产区,所以,这一地区的鮰鱼菜也就很出名。常见的有镇江的白汁鮰鱼,扬州的红烧鮰鱼、春笋烧鮰鱼等。从风味上来说,这是秋冬春三季的美食。春秋两季的鮰鱼滋味最美,春天的称菜花鮰鱼,秋天的称菊花鮰鱼。

鮰鱼味美但是价高,于是就有无良的饭店用鲶鱼冒充鮰鱼,一些味觉不敏感的客人还真吃不出来。为了取信于食客,扬州、镇江一带的厨行里有个做法,在烧鮰鱼的时候,将鮰鱼的嘴切下来,放在菜的最上面。鮰鱼嘴长,如道士所戴的高冠,所以人们将它称为"道士冠"。在鮰鱼的各个部位中,鱼嘴也是最美味的部分,内行的食客们不会轻易放过。鮰鱼的鳔也叫"鮰鱼肚",是鱼肚中的上品,大个头的干货鮰鱼肚很难得,最常见的是鲜肚,在红烧鮰鱼、白汁鮰鱼等菜肴中都可以见到。现在很多人已经不知道鮰鱼肚好在哪里,可惜了这个肥厚丰腴的尤物。

鮠鱼也称刀鲚,体态优雅,滋味鲜美,在长江中下游都有出产,但以扬州所产最为美味。清代扬州有句俗话说:"宁可丢掉祖上留下来的房子,也舍不得丢掉鮠鱼的头。"连头都舍不得丢,肉的滋味可想而知了。李渔

清蒸鮠鱼

说,鲥鱼、鲟鳇等都有吃厌的时候,但鮠鱼始终是吃不厌的。

鮠鱼多刺而味美,引得很多老饕爱恨交织,欲罢不能。袁枚在《随园食单》中说要去鮠鱼的刺可以用镊子一根根地镊出去。袁大才子这个法子可不怎么高明,很可能刺还没镊干净,鱼已经臭了。南京厨师的做法是油煎,煎得鮠鱼骨肉俱酥,于是就吃不出刺来了。对这个方法,袁枚也不赞同,他说这无异于

治驼背只管用夹板夹直了而不管这人的死活。他赞赏的是芜湖的陶太太做的煎鲫鱼,鱼先用快刀细细密密地剞了,然后再油煎。

扬州的厨师烹制鲫鱼很有一套,做出了没有刺的双皮鲫鱼。此外,还有没有刺的鲫鱼圆。在清人的笔记中,常被称为"摸骨鲫鱼""摸刺鲫鱼"。《邗江三百吟》说:"鲫鱼味极美,但不能适口者,多刺。扬城名工庖人,用新斗门兴布一块,将鲫鱼包入,加手法以摸其刺,名曰'摸刺鲫鱼'。"这是说厨师把鱼肉包在布里,然后用特殊手法把刺"摸"去的。这应当是误解,最可能的是厨师把鲫鱼肉取下来,包在布里反复揉了之后,让鱼刺粘在布上,这样肉里刺就少了。这种误解可能是记录者的牵强附会,也可能是厨师们神秘其技造成的。在扬州方言里,摸与没的发音很接近,所以"摸骨鲫鱼"更可能是"没骨鲫鱼"。食鲫鱼是有季节性的,一般在清明之前。这是因为清明前鲫鱼的刺是软的,而清明后就变硬了。

### ◎扬州螃蟹

北京近代名医施今墨先生酷爱食蟹,他把各地出产的蟹分为六等:一等是湖蟹,二等是江蟹,三等是河蟹,四等是溪蟹,五等是沟蟹,六等是海蟹。扬州的蟹有产于高邮湖和宝应湖的湖蟹、产于长江的江蟹、产于河沟中的沟蟹三种。

宝应湖的大闸蟹

扬州人吃螃蟹的历史很久远,大概在南北朝时期,吃螃蟹已经成为扬州人饮食的一个标志。《洛阳伽蓝记》中说扬州人饮食习俗"唼嗍蟹黄",可见那时的江淮地区不仅吃螃蟹,而且已经对螃蟹的不同部位有选择性地使用了。扬

宝应湖上的蟹场

州水乡,滨海临江,把螃蟹当成食物是很自然很平常的。

扬州蟹没有阳澄湖螃蟹的名气大,但质量并不逊色。早在唐宋时期,扬州的蟹就是贡品,品种有糖蟹和糟蟹。宋代黄庭坚在《食蟹》诗中说:"鼎司费万钱,玉食常罗珍。吾评扬州贡,此物真绝伦。"

人们在选择螃蟹时常以大小论品质,阳澄湖蟹的个头就比较大。从个头上来说,扬州蟹也不算小。清人在《忆江南》词中说:"扬州好,秋九在江干。接得黄花高出产,拾来紫蟹大于柈,香腻共君餐。""柈"是盘子的意思,说在江边捕得的蟹有盘子大小。

螃蟹的美味并不完全在于个头的大小。现在阳澄湖蟹的蟹黄吃起来多是硬硬的,口感不佳,而扬州蟹的蟹黄则软硬适度。我曾在宝应湖上养蟹人的小屋中吃过现捞的螃蟹,清甜鲜美,一点也不比阳澄湖的差。那位养蟹人告诉我,每年秋天,他们的螃蟹常被运往沪杭等地,以阳澄湖蟹的名义出售。

扬州人区别螃蟹还有淮蟹一说,这淮蟹就是施今墨先生所说的河蟹了。《扬州画舫录》中说:"蟹自湖至者为湖蟹,自淮至者为淮蟹。淮蟹大而味淡,湖蟹小而味厚,故品蟹以湖蟹为胜。"清人李渔曾经遗憾地说,螃蟹味美,可惜个头太小了。估计他说的就是湖蟹吧。

用螃蟹做的菜也很有特点。最常见也最受人推崇的是清蒸螃蟹,这种吃法能保持螃蟹清鲜的本味,吃时蘸醋,醋里放点姜米与香菜。这与苏州人的吃法不同,苏州人蘸螃蟹的醋里还要放点糖。一般人家买的蟹不会太大,肉也不太多,这时候可以将蟹切成块,沾了面粉下锅炸,炸完以后再加新鲜的毛豆米一起烧。两三只螃蟹就可供一家三口大快朵颐了。厨师还有更精妙的做法,把剔好的螃蟹肉加虾仁,用猪网油膜包成葫芦形,称为葫芦藏鲜。这当然是屠龙之技,一般人家,一般餐馆,一般筵席都不会去做。其他如蟹黄烧豆腐、蟹黄扒鱼翅等都是比较常见的用法了。

### ◎ 黄鳝与鲟鳇鱼

黄鳝在中国南方很常见。很久以前,人们就用它来制作各种美味佳肴了。南北朝时,江陵有一个姓刘的人,以卖鳝羹为业,还被颜之推写进了《颜氏家训》。五代时,后周齐芷出使南唐归来,柴世宗向他询问扬州的情况。齐芷告诉他:扬州人吃的鲜(鳝鱼)形状像虵虺(毒蛇)一样,如果鹳雀之类的鸟有点智商的话也不会吃的。言下之意,扬州完全就是个没有开化的地方。

扬州人吃鳝鱼的历史可以上溯至汉代,在邗江胡场汉墓的出土文物中有一块当时的菜牌写着"鲄一笱","鲄"就是黄鳝。胡场汉墓是一个贵族墓,这"鲄"也自然是贵族的日常美食了,而且可能是墓主生前所喜爱的食物。

清人严可均所辑的《全梁文》中有《鲄表》一文,用拟人化的手法讥刺时弊。文中提到当时制作鳝鱼菜的方法有粽熬、油蒸、膔、脯腊等,调味方法也是多种多样的。这样做出来的食品,既可以当席上的菜肴,脯腊之类更可以寄远,可见南北朝时江南地区对鳝鱼的利用是非常全面的。

清朝时,淮安的厨师很擅长做鳝鱼菜,扬州也有不少鳝鱼菜。如果以此来逆推的话,《鲄表》很可能是有江淮背景的。从汉代至清代,淮安、扬州一带有着悠久的烹制鳝鱼的传统。所以,清末淮安出现长鱼席也就是水到渠成的事了。扬州虽然没有长鱼席,但也是大烧马鞍桥、炒鳝糊等名菜的故乡。

《鲌表》中说鳝鱼"美愧夏鳣",意思是鳣鱼的美味要超过鳝鱼。"鳣鱼"是鲟鳇鱼的古名。很多资料上说鳣鱼亦作"鳟鳇",但是清人徐珂《清稗类钞·动物》所收录的鱼里,既有"鲟鳇",也有"鳟鳇"。对"鲟鳇"的解释是:"鲟鳇,一名鳣,产江河及近海深水中。无鳞,

中华史氏鲟

状似鲟鱼,长者至一二丈,背有骨甲,鼻长,口近颔下,有触须。脂深黄,与淡黄色之肉层层相间。脊骨及鼻皆软脆,谓之鲟鱼骨,可入馔。"对"鳟鳇"的解释是:"奉天之鱼,至为肥美,而鳟鳇尤奇。巨口细睛,鼻端有角,大者丈许,重可三百斤,冬日可食,都人目为珍品。"可知,在清人看来,这是两种不一样的鱼。东北是苦寒之地,江淮则是比较温暖的水乡,鳣鱼的一些特征应该是不一样的。

南宋吴自牧在《梦粱录》一书中就提到过用鲟鳇鱼做的鲊。明朝李时珍在《本草纲目》中引用《翰墨大全》的记载称:"江淮人以鲟鳇作鲊,名'片酱',亦名'玉版鲊'。"从这些记载来看,这应是江淮间的传统美味。清代扬州还常见到"拌鲟鱼"这样的菜。鲟鳇鱼的体积较大,《本草纲目》说它小的近百斤,大的有一二千斤。如此大的鱼,只有大江大河可以藏身。现代长江开发利用远甚于明清,鲟鳇鱼很难觅得踪影,扬州的饭店里已经没有以它为原料做的菜了。

## 二、泊来的饮食

### ◎ 顺江而下的传播

"我住长江头,君住长江尾;日日思君不见君,共饮长江水。"长江不仅

为扬州人提供了用之不竭的水资源,也顺流而下给扬州带来了丰富的食物材料,可能还有一些饮食的习俗。

前面介绍过《七发》,枚乘借吴客与楚太子的对话铺陈开一篇千古名文。枚乘本是淮阴(今江苏楚州)人,也曾在楚王那里做过幕僚。有学者认为,枚乘所写的也可能是楚地的饮食,但淮扬地区的学者普遍认为是吴地的饮食。《七发》中提到的"楚苗之食",是产于楚地苗山的禾稻。如果说枚乘所写真是吴王宫里的饮食的话,那"楚苗之食"正说明了楚地与淮扬地区的饮食交流。

汉代传来扬州的还有无花果。《邗江三百吟》说无花果是扬州土产,其实这是原产于欧洲地中海沿岸和中亚地区的果品,西汉时传入中国,在长江流域和华北沿海地带广为分布。《邗江三百吟》特意将无花果收入诗中,可能是因为当时的扬州相比周边地区,无花果较为常见。从传播路径来看,无花果也应当是沿长江传来扬州的。

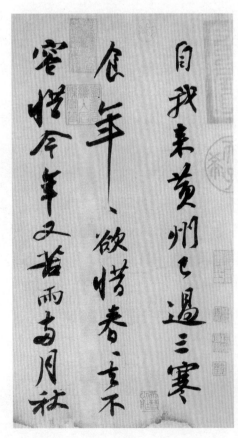

东坡《寒食帖》

楚糟。宋梅尧臣在淮上吃白鱼时,对用楚糟糟制的白鱼赞不绝口。苏东坡对这个菜也很喜欢,还写诗道:"三年京国厌藜蒿,长羡淮鱼压楚糟。"宋代的糟淮白鱼是很有名的菜肴,用楚糟糟出来的更是上品了。现在的淮扬菜里已经找不到楚糟的影子,可能是失传了,也可能是融入了本地饮食文化,以其他的形式表现出来。

扬州的"东坡肉"可能是从湖北传来的。苏东坡在湖北黄州为官多年,当地多猪肉,富人不爱吃,穷人不会做,正好让苏东坡一试身手,烧出来的肉后来就被称为"东坡肉"。之后,只要是苏东坡工作过的地方,总是能看到"东坡肉"这道菜。苏东坡也在扬州做过官,但时间不是太长。没有证据可以说明,扬州"东坡肉"究竟是出于东坡的亲传,还是由厨师从湖北传来的。

茶叶原产中国西南,在汉代以前,东南地区还没有关于茶叶的文字记载,文物考古中也还没发现确切的证据来证明那时东南地区有人饮茶。汉代至南北朝后,茶叶逐渐顺着长江传到武昌、长沙,来到扬州。这让扬州赶上了中国茶文化发展的第一个高峰——唐朝,于是就有了以后名闻天下的第五泉和平山茶,有了清朝"茶肆甲天下"的鼎盛。

扬州出产优质稻米,但扬州市上所售有很多是来自于四川、湖北。因为这些米是从长江用船运来扬州的,所以也叫"江米"。江米是扬州普通人家常用的粮食,大户人家多吃产于扬州西郊的"山米",扬州人称"本山米"。两相比较,江米的质地不如本山米,但比本山米价廉。在北方,人们常把糯米叫江米,有可能当时扬州市上的江米就是糯米,也可能北方不产糯米,人们吃的糯米都来自于长江的漕运。但优质的扬州本山米却是有着外国基因的。宋真宗大中祥符五年,江浙大旱,朝廷于是派人到福建运了三万斛占城稻分给江、淮、两浙三路,让人们在地势较高的地方耕种,并且还在主要的路口贴出告示,教民种植之法。占城位于越南中南部,所产占城稻属于早籼稻,于北宋初年传入福建。

湖广一带还提供扬州饮食、取暖所需的燃料。据《邗江三百吟》说,湖广炭客把木炭运来扬州,在码头上堆积如山。那些大块的木炭被人挑去,可用于席上烹饪,而那些碎炭屑也被人们买去,用于冬季围炉。

明代小说《三刻拍案惊奇》的第二十回中,湖广人秦凤仪来扬州访友,带了些家乡的土特产,有莲肉、湘簟、鲟鳇鱼鲊。清代小说《红楼梦》中也提到了庄户给贾府送鲟鳇鱼的事,那是东北的鲟鳇。在第一节中曾提到过扬州的鲟鳇鱼。看来,扬州市上的鲟鳇鱼有一部分是来自于长江上游的,还有一部分是来自于东北。

在扬州上游对扬州饮食文化影响最大的是徽州。本来两地相距就近,再加上清朝时,徽商是扬州盐商的主体,他们的饮食嗜好对本地饮食影响极大。

现在扬州街头还有卖徽州饼的,而扬州名菜狮子头也与徽州的肉圆子有着渊源关系。关于徽商与扬州饮食的关系,后面还会详细介绍。

在隋运河开通前,长江是扬州最主要的水上通道。即使到唐朝,也还是这样。这一点从唐代行政区划上也可以看出来,扬州所在的淮南道就是长江以北从西到东的大片地区,与淮南道隔江相望的是江南东道与江南西道。这样的行政区划正反应了沿江地区文化、习俗与经济的相互影响。

### ◎ 运河与海路的影响

扬州本处于一个河网密布的区域,水上交通比较发达。开始时只是通过那些沟沟汊汊与周边地区联系,开凿于公元前五世纪吴王夫差时期的邗沟开始了扬州发展史上的第一次起飞。邗沟的河口起于西南胥浦河,尾闾止于东北淮安末口,把长江与淮河连接了起来。淮安与扬州相去几百里,在今天虽不算什么,但在古代交通不便的情况下,这个距离还是比较远的。淮安与扬州可以并列为淮扬菜的两大重要城市,其中运河的连接作用不可忽视。有了这条河,江淮之间物资的流通就便利多了,饮食文化交流也变得自然而然。也因为这一层关系,现在淮安、扬州两地的学者在研究本地饮食文化的时候,很多资料是共用的。

隋炀帝凿通了隋运河。此后,在这条河道里,许多朝鲜与日本的使节、学问僧,以及越南、缅甸、印度的佛教僧侣,波斯与大食的商胡,或是沿河南来,或是循水北往,出现过一片水郭帆樯的繁忙景象。隋炀帝曾于大业六年(610)六月巡幸扬州,并曾于此接受百济等国使臣朝贡。后来隋炀帝数次巡幸扬州,百济、新罗、日本的使者可以从楚州直接循运河来扬州觐见皇帝,不用再千里迢迢去到洛阳。隋唐时,扬州北邻的楚州曾是江淮地区一个重要的出海口,来唐朝的新罗人、日本人多由这里登岸,至今这里还有新罗坊遗址。新罗坊是朝廷划出来的新罗人聚居之处,从苏北到山东有多处新罗坊。

新罗人在中国的生意比较大的有两个,一是造船,二是木炭。他们所售木炭是从朝鲜半岛运来的用硬质树木制作的,还有用木炭屑做成的圆形炭饼。新罗木炭占了当时中国木炭市场比较大的一块,因为炭质好,没有烟,所以是筵席上烹调的上等燃料。

从古至今,朝鲜半岛在饮食文化方面一直与中国有着较大的差距,与扬州这样的美食之都差距尤其大,但他们在扬州饮食中还是留下一点痕迹的。扬州有一类挂白色蛋清糊油炸的菜,冠名为“高丽”,如高丽凤尾虾、高丽香蕉。这类菜肴在《调鼎集》等清代文献中称为“高丽”,现代北方地区依然称为“高丽”,而在 1975 年编的《扬州菜谱》中称为“膏里”。从唐至明朝,扬州都有专门接待外宾的宾馆,宋代称之为高丽馆,明代因称之为高丽亭,名其地为“馆驿前”,即今扬州南门外街的一个地名。另据朱江先生研究:“所谓的新罗馆、高丽馆,所住的不一定全是朝鲜人,也有其他国家的使客。但既被称之为新罗馆,亦当是新罗或高丽使客往还频繁、经常寄宿之所。”

对扬州饮食文化影响最大的还是地缘相接的淮安与镇江。在《清稗类钞》中是将这三地并列的,可见当时这三处的饮食各有其擅长。目前的扬州饮食里,干丝与汤包是从淮安传来的;拆烩鲢鱼头、水晶肴肉是从镇江传来的。至于鲥鱼、鲈鱼、鮰鱼、刀鱼等江鲜则与镇江共有,制作方法与风味也没什么不同。清中后期,淮安有不少厨师来扬州打工,他们一定带来了不少淮安的菜肴制作技术。但是这部分人,在表现他们技艺的同时,也必然会因为雇主的口味喜好作出调整。淮扬两地饮食文化的融合或许正是在这段时间。

海运对扬州饮食也有较大影响。扬州作为近海城市,海运一直就比较发达。从唐至明清,瓜洲渡都是非常有名的出海大港,鉴真东渡就是从这里出发的。南宋以后,东南地区的海上贸易比较发达。朱江先生说:“沿海上丝绸之路来中国而至扬州的使客,除高丽而外,日本遣宋使团与入宋求学求法的学生和僧徒,及经营贸易的商贾,其频繁的程度不减当年遣唐使入唐之盛。此外,大食国来扬州经商贸易之人与传播伊斯兰教的穆斯林,可以说是络绎不绝。”明清时,扬州饮食中有较多的海产品,很多是通过运河或长江进入扬州的。

清朝时,扬州城北的黄金坝是一处专门经营海产品的市场,经营品种有咸货与腌切两类。咸货并不是扬州本地人所腌制,而是东南沿海地区生产的,腌好以后运来扬州的,也称为"腌腊"。货源很复杂,除了盐城、南通运来的咸货,还有来自于宁波、武昌。品种也很多,有黄鱼鲞、海鲤、鲨鱼皮、各种小鱼干、银鱼、干蛏、咸蛏、鱼翅、海蛰、黄鱼肚、腌鱼子等等。

### ◎ 八方汇成扬州美食

关于淮扬菜,在江淮之间有多种说法。淮安地区认为是指"淮安与扬州"的美食;扬州人认为淮扬菜就是维扬菜,新落成的淮扬菜博物馆里的说法是淮扬就是扬州的别称;泰州、镇江、盐城等地区认为淮扬是长江至淮河之间的一大片地区。2001年,"淮扬菜之乡"正式在扬州挂牌。挂牌之后,《扬州晚报》报道称:"扬州菜终成淮扬正宗",充分表明扬州美食长期衰落后人们的心理期待。以扬州一个城市作为影响力很大的淮扬菜之乡,似乎不太妥当,而"淮扬菜的根在扬州""扬州菜是淮扬正宗"这样的说法更值得商榷。

扬州历史上是一个人口流动很大的地方。东汉末年,曹操为防御孙权,将扬州一带居民迁往中原,当时的广陵几乎成了空城。南北朝时,扬州一度成为南北拉锯的地方,鲍照路过这里,想起汉代广陵的繁华,感慨不已,写了一

鲍照像

篇《芜城赋》。此后,扬州就有了芜城这个别称。唐末,中原大乱,很多贵族避难来到扬州,带来了不少中原的饮食文化,这里经历了一个畸形的繁荣时期。五代时,扬州成为南唐与后周拉锯的地方,再次成为芜城。北宋末,因为金的压力,朝廷南下避难,在扬州住过一段时间,此时扬州又有一个畸形的繁荣时期。但很快,扬州成为宋金对峙的前线,人口大量外迁。明初,朱元璋曾将江南大批人口迁来扬

州。明末,史可法守扬州,城破后,这里又经历了一场屠城劫难。这是扬州本土居民的迁移概况。

另一方面,扬州因为特殊的经济地理位置,一旦天下安定,立刻商贾云集。这些人有的来自山西,有的来自安徽,有的来自苏南,有的来自浙江,有的来自山东,还有大量的来自高丽、新罗、百济、日本、波斯、大食的商人与使者。他们带来了大量的资本与商业文化,也带来了各自家乡的饮食习俗。在清朝,扬州、淮安都出现了全羊席,淮安的全羊席留下了菜谱,扬州的全羊席则留下了厨师的名字——"张四回子"。张四回子是《扬州画舫录》所记下的一个清代厨师,他擅长全羊席,这实际上说明了羊肉菜肴与回民之间的关系。淮安全羊席的制作者据说也是回民。另外,这时扬州餐馆中的"高丽肉""哈拉巴""爆肚""琉璃肺""京羊脊筋""关东煮鸡""关东鸭"等等都是来自北方的菜肴。

居民是一个地方民俗文化最重要的承载者,那么在扬州这样一个历史上人口流动很频繁的城市,有哪种文化能说是这个地方原生的呢!饮食文化在很大程度上就是一种民俗文化,是随着居民一起迁移的文化。它在很大程度上是比较稳定的,人们不会因为迁居到一个新地方,就改变自己的饮食习惯。由此看来,扬州的饮食文化应该有相当一部分是外来的。而且,从前面所介绍的人口迁移的情况来看,扬州饮食文化应该是在明清时期才基本定型的。明清时期,因为外地商贾大量涌入扬州,这里从一个普通的大城市升格为中国的赋税中心,饮食文化成为休闲文化中的主要内容。关于这一点,在前一章里已经有过介绍。

大都市的饮食文化有一个特点,这里的人口尤其是富裕人口以外来为主,这里的饮食往往汇聚了多个地方的风味。看一下现在中国的一线城市,莫不如此。如香港,这个城市就谈不上有地道的香港菜,这里的饮食是由广东菜、潮州菜、四川菜、台湾菜、西餐、日本菜以及东南亚菜构成的;如上海,这里的饮食是由淮扬菜、杭州菜、徽州菜、四川菜、山东菜、苏州菜、西餐、日本菜构成的;如北京,这里的菜是由山东菜、东北菜、淮扬菜、天津菜、四川菜、河南菜、西餐、韩国菜、日本菜构成的。当年构成扬州菜的有哪些呢？淮安菜、徽州菜、浙江菜、苏州菜、南京菜、镇江菜、泰州菜、山东菜等，这些地方风味都曾在扬州菜里留下痕迹，其中尤其以淮安菜、徽州菜对扬州的影响最大。今天扬州的很多名菜就是从这些地方传来的。还有一些美食直到晚清时才传入扬州，比如扬州的"翡翠烧卖"，是晚清时福建人高乃超在扬州教场开茶肆时所创。

由前面所介绍的情况来看，说"扬州是淮扬菜正宗"当然是不正确的；说"淮扬菜的根在扬州"也是不妥当的。如果说淮扬菜是一棵大树的话，这棵树是长在了扬州、淮安，但根系却伸出去很远。明清时期，扬州饮食对周边地区的饮食文化兼收并蓄，正是这种包容的城市文化才造就了扬州美食之名。

## 三、扬州饮食的外传

### ◎ 厨师向外省的输出

扬州饮食在明清时期达到了辉煌的顶峰，我们现在所说的扬州菜大多是明清时期的扬州菜。汉唐宋元时期的扬州饮食，往往被包含在很大的地域范围里，或者在吴地饮食里面，或者在南食里面。因为那些时期，扬州饮食文化虽有独特之处，但还没有很突出的表现。到了明清，尤其是清朝时，扬州饮食的精致、典雅、奢华冠盖当世，后与淮安菜并称为淮扬菜，而川菜、鲁菜、浙菜、粤菜都是以省冠名的，可见扬州美食在世人心目中的地位。有这样的影响，一方面是食客们来扬州品尝了之后口碑传出去的；另一方面，则是扬州的厨师走四方的时候带出去的。

扬州的厨师在宋元时期开始扬名天下。元代李德载曾作散曲《赠茶肆》十首，其一："茶烟一缕轻轻飏。搅动兰膏四座香。烹煎妙手赛维扬。非是谎，下马试来尝。"大约从宋朝开始，很多茶馆中兼营酒菜，宋人称之为"分茶酒店"。"分茶酒店"的经营模式类似于今天的茶餐厅，饮食供应以快捷便宜为特点，服务对象多为奔走四方的贩夫走卒，一些口碑较好的"分茶酒店"也会有层次高些的客人。李德载的小令前两句是说茶肆的点茶技艺高超,第三句又夸茶肆里厨师烹调技艺与维扬的厨师差不多,可见当时扬州厨师的烹饪技艺已经名声在外了。当时的厨行已经非常发达。宋朝时,汴京与临安城里有专门从事饮食服务的"四司六局",从采买到餐饮场所安排都能安排得妥妥当当。扬州虽比不上京城,但也是东南地区的经济重镇。元代镇南王还在此建府,所以这样的饮食服务机构应该也是有的。此时的扬州是不是已经向外输出厨师,我们不得而知,但以扬州厨师的名声,被人聘到外地去工作,却也应该是很平常的事。

女性在扬州美食外传过程中起了重要作用。了解扬州的人都知道"扬州瘦马"。所谓"瘦马",就是被拿来买卖的年轻女性。这是明清扬州的陋俗,却在客观上把扬州美食传到了外地。据《续金瓶梅》说,扬州瘦马分为三等,有聪明清秀、风流俏丽的,就教她琴棋书画;中等姿色的,就教她们一般识几个字,管账目、家务、生意等;姿色平庸的,就教她们刺绣剪裁以及烹调技艺。而实际上,烹调可能是一二等瘦马也要学的。这些女子的遭遇大多比较悲惨,但也有一些嫁得好的。那些一二等女子往往是嫁入了大户人家。明朝文学家袁宏道《即事》诗云:"扬州饶嫁娶,箫鼓夜来多。"写的就是当时扬州娶"瘦马"的情况。袁宏道自己就娶了一个广陵姬,不仅风流俏丽,还擅长烹饪之事,常为袁宏道及其朋友们点茶。《三刻拍案惊奇》第二十回中,窦知府在扬州买了"瘦马"作小妾,后正妻亡故,家中就由这个小妾管理饮食事务,窦知府去柳州做官时也将她带了过去。《桃花扇》中写南明小朝廷选秀女事,有几句词:"旧吴宫重开馆娃,新扬州初教瘦马。淮阳鼓昆山弦索,无锡口姑苏娇娃。"看来,这些女子当中还真有人可能被选进皇宫。这些女子基本上是安处内室,但在社会上的影响很大,少数人从她们那里领略了扬州美食的妙处,再宣扬开去。而这少数人都是当时社会上的精英分子,影响力不可小觑。

明清时期,有不少扬州厨师被抽调到宫廷去工作。在乾隆南巡扬州的时候,就有名厨陈东官被选入御厨。据学者们研究,清代初期的宫廷饮食以北方风味为主,而到了康乾之后,南方风味逐渐受到皇室人员的喜爱。这种情况,直到清末也没有太大的改变。爱新觉罗·浩在《食在宫廷》一书中提到的淮扬菜有红烧肚当、清炒虾仁、炒鱿鱼、干烧鲫鱼、清炒鸡片、红烧狮子头、糖醋樱桃肉、火腿冬瓜汤等60多款。在谈到点心时,她认为,中国的点心也是以广东、扬州和北京为代表,其中扬州的点心最为精巧。

明清两朝,扬州船宴极盛,对周边地区有着很大的影响。如扬州沙飞船就传到了苏州、南京一带,成为当地船宴的主要场所。还有走得更远,走到岭南去的。岭南人把扬州的酒船大的称为"恒艓",小的称为"沙姑艇"。扬州酒船能开到岭南那么远,无非是两个原因:一是商人雇了去的,从运河进长江,然后再进入岭南的水道;另一个就是岭南人仿了扬州酒船的经营模式,号称是扬州酒船,实际上从船主到厨师都是岭南人。沈复在《浮生六记》中记载了岭南地区"恒艓"与"沙姑艇"的经营情况。当时经营这些酒船的还是以扬州人为主,经营模式也与扬州差不多,酒船与画舫相伴,那些画舫也多是风月场所。

清代后期,盐业与运河的衰落,使得大批扬州厨师外出找工作,把扬州菜传向四面八方。比较近的上海是扬州厨师的首选,有名的"莫有财厨房"就是扬州厨师世家莫氏所创办。也有传得比较远的,比如清末的广东地区,有名的船宴往往会挂上扬州的名号。这或许还是前面所说的"扬州瘦马"的功劳。

现代烹饪教育使得扬州的饮食文化更迅速向外传播。扬州的烹饪教育自开办以来,毕业生遍及全国各地,尤其是扬州大学旅游烹饪学院早期的几届毕业生,大多数已经成为当地饮食业的核心人物,而他们所在的地方,大多数会有淮扬菜餐馆。可以说,现代烹饪教育使扬州美食文化的流传过程增加了保真性和广泛性。

### ◎饮食品种在国内的输出

新中国成立,政务院于北京饭店举行了第一次国宴,被称为"开国第一宴"。由于出席宴会的嘉宾来自五湖四海,口味不一,为了能兼顾众人,宴

扬州名厨复制的开国第一宴

会决定选择口味适中的淮扬菜。当时北京饭店只有西餐，于是邀请了当时北京有名的淮扬饭庄——玉华台的朱殿荣等9位淮扬菜大师前来掌勺"开国第一宴"。几位淮扬菜大师使出了拿手绝活，所做的淮扬菜肴让嘉宾们交口称赞。此后，淮扬菜就一直是国宴的主流菜肴。

清代扬州面馆很流行，很多人投巨资在扬州开设面馆，这使得扬州的面条在国内产生了巨大的影响，很多地方的面馆都打着"扬州面"的招牌。

长沙的面馆有一种面品叫"扬州锅面"。这"扬州锅面"用一只大瓷盆盛着，盆的容量可装一只鸡，盖在面上的有鸡块、海参、火腿等。一碗扬州锅面是普通肉丝面的十倍价钱。扬州锅面是长沙的传统美食，在上世纪五十年代的末六十年代初的困难时期，绝大多数的传统食品都没有了，但扬州锅面仍存，虽已没有鸡块、海参、火腿，但肉不少，外加荷包蛋2枚，油特别多。现在的扬州锅面依旧人气不衰，但其中的配料已经有所改变，不用海参，改用墨鱼。有人认为扬州锅面传到长沙与左宗棠有关，因为左宗棠是湖南人；因为左宗棠在扬州吃过一碗很美味的鸡汤面，之后便让厨师仿制；因为左宗棠后来经常用扬州锅面来犒军，而吃了他面条的士兵多是湖南人。所以，长沙的"扬州锅面"很可能是湘军士兵传到湖南的。

扬州煨面

从形式与内容上来看，长沙的"扬州锅面"酷似清代扬州的"大连面"。清代扬州面馆中最有名的当数"连面"，这是"连汤面"的简称。大碗连汤面称"大连"，中碗的称"中连"，当时扬州最受欢迎的是"大连"。现在，扬州已经看不到"大连面"了，但在湖北沙市还有大连面，应当是晚清时期传过去的。现在的沙市"大连面"是上世纪八十年代开始流行的。这是一种用鲜鸡、鳝鱼骨和猪大骨煮成的鲜汤，配有猪肉片、油炸鳝鱼丝、鸡丝、小肉丸子等配菜精制而成的汤面。

赵瑜《海陵竹枝词》云："面学维扬代酒筵，鸡猪鱼鸭斗新鲜。"海陵是今天的泰州，赵瑜是泰州人，所言应不虚。汪康年《汪穰卿笔记》卷八云："粤中时盛行扬州面，汤宽面少，以为时髦。"扬州面多是随着扬州馆子一起传出去的。清末，北京、上海、广东、成都等地都有很多扬州馆子。文学家刘鹗在北京九华楼吃过扬州面，评价"甚佳"。刘鹗对饮食非常在行，也经常与朋友们在外饮食。所以，他吃得甚佳的"扬州面"一定就是上上之选了。北京还有一家叫"南味斋"的馆子，所售名菜"糖醋黄鱼""虾籽蹄筋"是地道的扬州菜。

扬州的"扒烧整猪头"很有名，在中国诸多用猪头做的菜肴中罕有其敌。但在北方有一个叫"扒猪脸"的菜，与扬州的扒烧整猪头非常相似，都是以整猪头去骨后扒烧而成。《秋灯丛话》中有一则故事："北贾某，贸易江南，善食猪首，兼数人之量。有精于岐黄者见之，问其仆，曰：'每餐如是，已十有余年矣。'医者曰：'病将作，凡药不能治也。'候其归，尾之北上，居为奇货。久之，无恙。复细询前仆，曰：'主人食后，必满饮松萝茶数瓯。'医爽然曰：'此毒唯松萝茶可解。'怅然而返。"此书作者王棁是清乾隆时山东省福山县人,他所说的贸易江南,大概是以扬州为中心的地区。以扬州猪头肉的名气来看,他吃的很可能就是扬州的烧猪头。以清代商人的做派,这位北国商人必会让家中厨师学做扬州的烧猪头,或者干脆从扬州请一个烧猪头的厨师。扬州学者朱江先生在其所著《饮食三录》中说北方的扒猪脸源于扬州的扒烧猪头,应是很有道理的。

扬州的文思豆腐与狮子头也流传到很多地方。上海淮扬菜馆中有文思豆腐,但做法上与扬州略不同。扬州的文思豆腐切成细丝,而上海一些店的做法是切成丁,是单用其名而已。近些年来,杭州菜很红火,杭州厨师则干脆把文思豆腐弄成了杭州的创新菜,并改名为文丝豆腐。狮子头在杭州厨师的手中也有了新的面目,他们用鱼肉切丁,再用扬州狮子头的方法来做,也很有新意。

### ◎ 在世界范围内的传播

中国人口向国外流动,大概有三种情况。一是通过海上贸易,沿海地区的生意人在出海经商的过程中,有一部分在海外落脚生根。这类人分布很广,日本、朝鲜、东南亚等地都有。二是明清之交,一部分汉人不愿受满清统治,而流落海外。这部分人似乎多数去了日本和朝鲜。三是晚清至民国时期,东南地区的平民被贩卖到美洲大陆去做劳工,还有一部分人为了生计下了南洋。扬州饮食流传海外,主要是后两种人口流动的结果。

现代扬州美食名声之响无过于扬州炒饭者,许多在海外开餐馆的华人几乎没有不卖扬州炒饭的,港片《英雄本色》中小马哥在美国开的餐馆就有扬州炒饭。甚至对于一些外国人来说,知道扬州炒饭远在知道扬州之前。它是中国式快餐的代表之一。但是这些标名为"扬州炒饭"的扬州炒饭,其实并非真正的扬州炒饭,应该是从扬州传过去以后的变种,或者是因当时扬州美食名声大而附会上来的炒饭。

在扬州炒饭流传过程中的功臣是厨师。清朝中后期,随着扬州经济的衰退,很多扬州厨师不得不远走他乡去谋生,扬州炒饭应该就是这一时期传遍全国乃至世界各地的。这是一个很有文化意味的事情,对于扬州美食,传播它的不一定是扬州厨师,制作出来的也不一定是正宗的扬州菜,但扬州的饮食文化确实就这样流传出去了。

　　扬州菜去得最多的地方是日本。前面说过,唐代扬州是日本遣唐使来得比较多的地方,这些人会带去一部分扬州的饮食文化。唐代扬州高僧鉴真东渡日本,应该也带去了一些扬州地区的饮食文化。日本名古屋自由学院短期大学教授杂喉润在《中国饮食文化在日本》一文中说:"豆腐最初是在754年,由唐僧鉴真传来日本的。"若果真如此,鉴真带去的很可能是扬州地区制作豆腐以及食用豆腐的方法。清朝时,《随园食单》传入日本,影响很大。《随园食单》中有不少是扬州菜,如此看来,应该有一部分进入

日本的扬州饭店

了日本人的饮食生活。在明治四十五年出版的《实用家庭中国饮食烹饪法》一书中,收录了日本人开的中餐馆"偕乐园"的菜单,其中有"清汤全鸭""清汤鹌鹑""鸭子笋片"等菜肴,看起来很有扬州菜的风味。据章仪明先生《淮扬饮食文化史》说,扬州地区赴海外的厨师中有75%左右是去了日本。这说明了日本社会对扬州菜的接受度是比较高的。扬州籍的旅日华侨在日本开了不少经营淮扬菜的餐馆,其中东京的聚宝园与横滨的扬州饭店是比较有名的。1980年以后,扬州厨师多次访问日本,其中既有扬州高级酒店的名厨,也有扬州大学旅游烹饪学院的名师,向日本人全方位地展示了扬州菜的面貌。

中国菜闻名美国自李鸿章访美后。据梁启超《新大陆游记》说,李鸿章访美时曾到唐人街一游,在中国餐馆里吃了几次饭。西方人想知道李鸿章都吃了些什么,华人觉得不太好解释,于是统称为杂碎。从此以后,中国杂碎店在美国名声大噪。这段时间大概是中餐馆在美国第一次大规模发展时期,扬州炒饭或许就是此时传入美国的。改革开放后,扬州菜也开始进入美国市场。1982年4月,应美国国际美酒与食品博览会之邀,扬州厨师王仲海、陈春松、孙庭吉等三人赴美国华盛顿作烹调表演。美国《华盛顿邮报》称中国厨师像变魔术一样,在难以克服的重重困难中,奇迹般地变出一桌桌酒席来,令人大吃一惊。现在美国的中餐馆里淮扬菜已经是很常见的菜式了。美国前总统尼克松别墅的附近有一家"新中国园",是一位上海籍华人开的。每逢星期天,尼克松总要携妻子来这里吃"扬州炒饭"。

扬州饮食传入朝鲜半岛的时间可以上溯到晚唐时期。新罗人崔致远曾在扬州长期任职,他不仅带回了唐朝的文化,还从扬州带回了饮食文化。而从唐朝至明清,生活在扬州的高丽人、新罗人、百济人、朝鲜人在回国的时候也或多或少地会带走一些扬州的美食。在韩国有一种酱叫"清国酱",是清朝时传入朝鲜半岛的。当时这种酱在扬州、淮安很常见,是一种水豆豉,如今在淮安还可以看到,秋天开始做,春节以后就不做了,淮安当地人称为"酱豆子"。在韩国很常见的"炸酱面"据说是从北方传过去的,但所用的

韩国的清国酱

酱却是扬州一带常见的甜面酱，风味与北京的炸酱面迥异。近些年来，来扬州学习烹饪技艺的韩国人与朝鲜人也越来越多，其中有些人已经学成回国，在各地的中餐馆烹制淮扬菜。扬州大学的老师们也频繁地前往韩国讲学，传播着扬州的饮食文化。

在对外交流中，扬州包子特别值得一提。加拿大籍华人叶汉林兄弟把扬州的速冻春卷、速冻包子运到渥太华销售，仅两天时间就销售一空，在加拿大引起了极大轰动。此后，扬州市饮服公司筹建了冷冻食品加工厂，专门生产扬州细点。以包子为代表的扬州点心不仅在加拿大，也在日本受到青睐。相传，当年日本天皇品尝了富春包子，说它是"天下第一品"。

# 第三章　扬州饮食的文化构成

　　扬州饮食文化由几个群体的饮食文化共同构成。首先是官府食风，它在一个地方的饮食风俗中有着示范性作用。其次是文人食风，它与官府食风有交叉的部分。因为古代的官场大多数时候是文官政治，官员本身就是文人。第三是商贾食风，古代扬州的商业文化十分发达，商贾云集，富甲东南，饮食之豪奢异于他处。第四是市井食风，前面三个群体的饮食文化直接影响到平民百姓的饮食趣味。

　　明清时期的扬州不仅是东南的经济中心，更是文化中心。各地文人雅士汇聚在这里，影响了扬州文化的各个方面，在饮食文化中也留下了非常深刻的印记。所以，后来人们在评价中国各地的饮食文化风格的时候，把扬州菜称为"文人菜"。文人品位是扬州饮食文化的本质特点。

# 一、官府食风

官府的饮食讲究的是合乎制度。早在《周礼》中就规定过每级官员的饮食应该有什么样的排场,后来虽然时代变迁,周朝的规距不管用了,但官场上迎来送往,饮宴的形式与排场仍是必须的。每个王朝在其进入鼎盛时期后,官场的饮宴风格都会趋向奢侈,概莫能外。但扬州这个城市,只要天下稍稍安定,官府的饮宴就会是奢华的,这与扬州独特地理位置带来的经济繁荣有相当大的关系。清朝初年,饮食风气崇尚节俭,官场的饮食也差不多以简单为主流,但在富得流油、遍地金银的扬州,官场的饮食是极其铺张排场的。

扬州汉陵苑复原的汉代饮食场景

### ◎钟鸣鼎食汉家宴

扬州最初有排场的官府饮食应该从汉代算起。在第一章里曾经以《七发》为中心介绍过吴王宫里的饮食,那应算是汉代扬州最高规格的官府饮食了。《七发》是文学作品,其中多有夸饰。汉代扬州王公贵族真实的饮宴生活到底是个什么场景呢?

1979 年,在扬州西湖乡胡场村汉墓中出土了一幅粉彩宴乐板画。从这幅画上,我们可以穿越时空地观察汉代贵族的饮宴生活。在这幅画的左上角,朱幕高垂,下面放着一张床榻。榻上从左至右画着四个人物：右边第一人，坐于床榻之上，衣施金粉，形象高大，显然是宴会的主人。在他的前面放着一张漆几，几上放着食案和杯盘餐具，几下放着一个熏炉，炉中正燃着香粉。其余三人均面对着他跪立于侧，身形较小，显然是他的仆人。画面的下侧为宾客席，客人穿红着彩，衣着华丽，列几而坐，几上置有盘盏。在主人和客人前面的场内，有两个艺人正在表演杂技，一人作倒立状，一人作反弓状，彩衣飘忽，仪态生动。右侧为乐队，正在鼓琴吹笙、敲钟击磬。这幅画表现的只是贵族们的日常生活，但我们已经见识了什么叫钟鸣鼎食：汉代贵族的宴会除了酒食，还有杂技歌舞，以及音乐。

贵族饮宴也不一定都是乐事。广陵王刘胥因谋反而被调查，他对皇帝派来的使者说："我罪无可恕。这些事情确实都是有的，只是时间久远，记不清楚，让我想明白了再交待吧。"使者回驿站去了，刘胥在王宫的显阳殿摆下酒宴，招来太子刘霸等子女一起夜饮，让八子郭昭君、赵左君等人鼓瑟歌舞。刘胥自己唱道："欲久生兮无终，长不乐兮安穷。奉天期兮不得须臾，千里马兮驻待路。黄泉下兮幽深，人生要死，何为苦心。何用为乐心所喜，出入无惊为乐亟。蒿里召兮郭门阅，死不得取代庸，身自逝。"

上面所说的是贵族家宴。汉代官府饮宴的排场，可以从出土的饮食器具中窥见一斑。广陵王刘胥夫妇的墓葬中出土了上百件饮食用具，从宴席用炊餐具到食品加

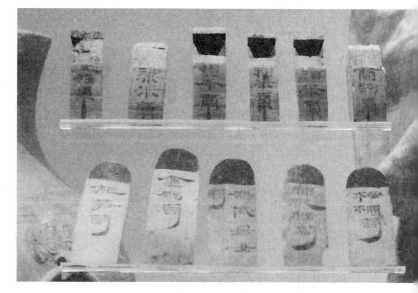

**扬州出土的汉代王侯家的食笥牌**

工的工具应有尽有,其中有 27 件成套的漆耳杯、漆碗、漆案、铜鼎等。在第一章里曾介绍过部分出土的汉代扬州饮食器具,那些饮食器具放在一起正好可以够一席饮宴之用。有温酒器(铜铚)、盛酒器(蟠虺纹铜盉、铜鍂镂、铜钟)、饮酒杯(玉卮、漆卮、耳杯)、盛饭食的碗(漆碗)、桌上火锅(铜染炉)、盛菜的铜鼎("广陵服食官"铜鼎)、盛菜的盘子(漆盘)、盛浆水的罐子(青瓷四系罐)。上面这些饮食器具都是西汉时期扬州的王侯权贵所用。通过这些食器,我们也可以看出当时扬州地区上层社会的饮食制度与排场。

### ◎ 淮南节度使的百人豪宴

中唐时期,中原地区经历了安史之乱,民生凋敝。此时的扬州,没有受到战乱影响,一片歌舞升平。淮南节度使与盐铁转运使的衙门每逢节日便会宴集宾客僚属。公元 789 年的中和节,淮南节度使的宴会上,与会者达百余人。宴会上不仅有旨酒珍馐,而且有乐舞杂耍。

梁肃《中和节奉陪杜尚书宴集序》记录了这场盛会:"火旗在门,雷鼓在庭。合乐既成,大庖既盈。左右无声,旨酒斯行。乃陈献酬之事,乃酳无算之饮。于是群戏坌入,丝竹杂遝,球蹈、盘舞、橦悬、索走之捷,飞丸、拔距、扛鼎、逾刃之奇,迭作于庭内。急管参差、长袖袅娜之美,阳春白雪、流徵清角之妙,

唐朝宴乐场景

更奏于堂上。风和景迟,既乐且仪。"意思是说,在盛宴的场所,大门口旌旗招展,灯火通明;门庭内则鼓声雷鸣。开场音乐之后,膳房把很丰盛的食物摆在了众人面前的食案上。待大家安静下来,斟上美酒,大家相互诗赋酬唱,以至于酣饮无算。一轮诗咏之后,是各种杂技、戏曲、歌舞表演,有踢球的、有在盘子上跳舞的、有爬旗杆玩吊索的、有玩走钢丝的,各种杂戏纷呈。接下来是歌舞表演,长袖善舞,蛮腰袅娜,阳春白雪,清越流美。这场宴会自朝至暮,众人直喝得酩酊大醉。中和节是唐朝官方法定的节日,百官放假一天,全国各地都是一片欢天喜地,扬州的宴集只是这场举国欢宴的一隅。

阳春三月天,扬州还有看花宴。唐光启四年,淮南节度使高骈在使院中设看花宴,会集群僚,赏花赋诗。此时的唐朝已是风雨飘摇了,扬州却还沉浸在一片歌舞升平中。高骈曾作诗《广陵宴次戏简幕宾》道:"一曲狂歌酒百分,蛾眉画出月争新。将军醉罢无余事,乱把花枝折赠人。"但他在看花宴上写的诗就没那么吉利了,其末两句道:"人间无限伤心事,不得樽前折一枝。"不久,高骈即为其部将毕师铎所害,后人以为这两句诗是预示他灭亡的谶语。

唐代扬州席上盛行酒令,官府宴会多以此助兴,而扬州的伎女尤擅此道,以致于声闻朝廷。唐武宗就曾令淮南选送谙熟酒令的伎女十余人进京。唐代扬州流行的酒令有骰子令和律令。一般筵席初开,先用骰子来决定如何饮酒,待酒至微酣,再行其他的酒令。《太平广记》中记载了宴席中"妓人索骰子赌酒"的事情。当时张祜在淮南节度府中做幕宾,与杜牧同赴使府宴席,大概妓人貌美如花,姿态优雅,杜牧即席吟了两句诗:"骰子逡巡裹手拈,无因得见玉纤纤。"一旁的张祜应声接了两句曰:"但知报道金钗落,仿佛还应露指尖。"

## ◎ 皇华亭中宴来宴往

馆驿前旧称皇华亭,明朝时为广陵驿。明嘉靖六年(1527),扬州知府王松所建,专供往来官员及传递公文的信使歇宿与转换车、船、舆、马,是一所颇具规模水陆相兼的馆驿,一直沿用到清朝。清末,裁驿废站,馆舍倾圮,现仅

铜版画清朝官场宴会场景

存馆驿前街、馆驿后街地名。当时,皇华亭中所宴之宾客,从达官显贵到朝鲜、日本的使臣都有,相当于一个级别很高的迎宾馆。每日里,驿馆里笙歌不断,盛筵不歇。因为经常接待朝、日使臣,所以这里也是扬州饮食文化东传的一个窗口。

清代官场的饮宴制度是比较繁琐的。决定请客时先要下通知,陪客的地位不能高过贵客,给贵客与陪客的请柬是不同的,发给贵客的请柬要装在白纸封筒中送去,请柬一律用正楷写在红纸上。宴请的当天客人不带礼物,即使是首次谒见贵人也不带礼物,所有礼物都在两三天前送去。宴客的厅中须挂中堂,常挂一幅蜂猴图,取封侯之意,或者悬挂其他有吉祥寓意的字画。中堂的两边悬对联,前面则放一张条几,上面安放香炉焚香,还要燃一对红烛,放一对花瓶,里面插上时令花草。如果宴请的是普通客人,香炉、烛台就不用了。

宴会开始前,要派人去催请。都是在官场混的人,谁都不缺吃喝,没人会早早地跑来赴宴,一定要等请客的人三请四邀才会到。客人来之前,主人必须更衣、戴帽。衣服通常是新做成的漂亮衣服,虽然大家都是官员,但在这场合都不穿朝服。如果来的是贵客,主人要到门外去迎,如是一般的客人,只要在厅堂门口迎接。客人来后,主客寒暄让座,然后上茶、茶点,用茶之后,再给客人上烟。在适当时候,主人将客人邀入书房谈话,仆人则在这期间在厅堂摆下餐桌。一切准备停当,主人才邀请客人入席。

官宴的座席与现在民间常见的圆桌不一样,餐桌是长方形的,大约有四仙桌一半大。主宾为一人一席,其他宾客可为两人一席,主人一般陪坐于末席。座席以正面为上,右侧为次座,左侧为三座,如果没有应该让到正座的客人,则以右侧为上座,左侧为次座。上座放在中堂下条几的前面,其他座席放在厅堂的两边。如果宴会有贵客的时候,餐桌要铺上等桌布,并让桌布的四面垂下,一般的宴会就不用铺桌布了。

宴会的食器以瓷器为主,即使招待的是贵客也不例外。进食的时候,先吃菜,后喝汤,一开始就喝汤,是很失礼的举动。上菜时,上一道新菜,就将前一道菜撤去。如果前一道菜客人没怎么动,也可留在桌上,但新菜上来之后,客人一般也不会去吃前一道菜。这是袁枚非常喜欢的一种上菜方式,可以充分地品尝到每个菜的味道。但也有所有菜肴一起上席的情况。菜上齐后,陪客向贵客让菜:"请请",贵客也说:"请请",而后大家一同进餐。如遇主客与陪客同桌的情况,上菜后陪客须用自己的筷子夹一块最好的菜向主客让菜。

◎**顶级宴会满汉席**

扬州的顶级宴会当数清代为迎接皇帝南巡而准备的御宴,在清宫档案中记录了不少乾隆在扬州的御宴内容。在所有的御宴中,排场最大的当数满汉席。通常,人们将它称为满汉全席,但这是一个清朝末年才出现的名称。在清代中期,一般称满席、汉席、满汉席。《扬州画舫录》卷四记载了史上第一份称为满汉席的食单,滋录如下:

第一分头号五簋碗十件:燕窝鸡丝汤、海参汇猪筋、鲜蛏萝卜丝羹、海带猪肚丝羹、鲍鱼汇珍珠菜、淡菜虾子汤、鱼翅螃蟹羹、蘑菇煨鸡辘轳

扬州满汉全席

锤、鱼肚煨火腿、鲨鱼皮鸡汁羹、血粉汤,一品级汤饭碗;第二分二号五
簋碗十件:鲫鱼舌汇熊掌、米糟猩唇猪脑、假豹胎、蒸驼峰、梨片伴蒸果
子狸、蒸鹿尾、野鸡片汤、风猪片子、风羊片子、兔脯、奶房签,一品级汤饭
碗;第三分细白羹碗十件:猪肚假江瑶鸭舌羹、鸡笋粥、猪脑羹、芙蓉蛋、
鹅肫掌羹、糟蒸鲥鱼、假斑鱼肝、西施乳、文思豆腐羹、甲鱼肉片子汤、玺
儿羹,一品级汤饭碗;第四分毛血盘二十件:獾炙哈尔巴小猪子、油炸猪
羊肉、挂炉走油鸡鹅鸭、鸽臛、猪杂什、羊杂什、燎毛猪羊肉、白煮猪羊肉、
白蒸小猪子小羊子鸡鹅鸭、白面饽饽卷子、十锦火烧、梅花包子;第五分
洋碟二十件,热吃劝酒二十味,小菜碟二十件,枯果十彻桌,鲜果十彻桌。
所谓满汉席也。

后门外围牛马圈,设氆帐以应八旗随从官、禁卫、一门祗应人等,另
置庖室食次。第一等奶子茶、水母脍、鱼生面、红白猪肉、火烧小猪子、火
烧鹅、硬面饽饽;第二等杏酪羹、炙肚肫、炒鸡炸、炊饼、红白猪肉、火烧羊
肉;第三等牛乳饼羹、红白猪羊肉、火烧牛肉、绣花火烧;第四等血子羹、
火烧牛羊肉、猪羊杂什、大烧饼;第五等奶子饼酒,醋燎毛大猪大羊、肉片
子、肉饼儿。


第一分头号五簋碗十件、第二分二号五簋碗十件、第三分细白羹碗十件
是汉席菜肴,第四分毛血盘二十件是满席菜肴,第五分洋碟二十件大概是当
时的西洋菜。从元明时期开始,朝廷上就有西洋人供职,清朝也有西洋人供
职,所以有西洋菜一点也不稀奇。后面的热吃劝酒、小菜、枯果、鲜果都是汉
族高档宴会的规格。按上面的记载,这满汉席一共是58道满汉菜点,再加
上洋碟、劝酒、小菜、干果、鲜果80道。前面三分汉席菜肴从风味上来说,大
多数应属于扬州风味。直到现在,扬州还有鱼翅螃蟹羹、西施乳、芙蓉蛋、文
思豆腐这样的菜,其他的菜由于原料过于高档、奢侈,现在已经看不到了。

这是清代乾隆帝南巡扬州时的一份食单,是一份顶级宴会的食单。

说它顶级,首先当然是因为这是清帝在扬州与群臣百官共享太平的一顿

饭,这里面包含着满汉一家的统治理想。这一桌客人的身份地位与宴会的政治寓意在当时都是顶级的。

其次是原料的等级。这份食单所用原料都是顶级的,燕窝、海参、鲍鱼、鱼翅、鱼肚、鲨鱼皮是海八珍的品种;熊掌、猩唇、驼峰、果子狸、鹿尾是山八珍的品种;西施乳即河豚鱼的精白,是最危险的美味,当年苏东坡吃西施乳曾留下"也值得一死"的感叹。

第三,是菜肴名声的等级,给皇帝吃的菜当然是好菜,若是名菜就更好了。奶房签是宋代宫廷中常供的名菜,用羊的乳房做成。用羊的乳房做菜在宋元时期是很流行的,明清以后则比较少见。貊炙哈尔巴小猪子的来历可能更久远。在汉魏南北朝时就有貊炙,是东北地区秽貊人的食物。唐宋以后渐渐看不到这样的菜,而满族人的老家东北正是过去秽貊人活动的地方,所以这个菜很可能是保存在满族饮食文化中的古董级的菜肴。文思豆腐出自文思和尚之手,是当时扬州文化圈中最有名的菜肴。

关于满汉席的来历,《老滋味》一书中另有一说:谓为阮元任两广总督时以孔府菜为基础设计出来的。他用这种席面来招待同一官场中的满汉同僚。阮元的继室是曲阜孔府的小姐,家中厨师会做孔府菜也属正常(孔府菜当时可称是天下第一官府菜),招待满汉同僚也确属工作需要。

电视剧《满汉全席》剧照

所以,说满汉席出自阮元,或许有之吧。如依《扬州画舫录》的记载,满汉全席应萌芽于康熙帝或乾隆帝的几次南巡当中。

◎《红楼梦》中的扬州宴

《红楼梦》描写了一个18世纪中国贵族家庭的日常生活,其中有许多是关于饮食的描写,这些饮食被红楼美食家们通称为"红楼美食",又称"红餐""红食"。红楼美食包括红楼主食、菜肴、点心、饮料、果品、补品、药膳和调味品,书中还有许多关于美食文化的描写,整理整理拍一部电视剧,大概不亚于《大长今》。

关于《红楼梦》里所描写的美食,陶文台先生1981年在《红楼梦学刊》上撰写了《红楼梦中肴馔浅识》一文,认为"曹雪芹爱食南味,擅作南味菜。《红楼梦》中的菜肴大部分取南味","所谓南味,主要指江浙风味,江南风味,其中包括苏、宁风味,也包括江岸边的淮扬风味。"这是较早的对红楼梦菜肴来源的看法。后来,红学家冯其庸先生在多种场合也提出《红楼梦》中的菜肴是扬州菜。他在《关于扬州红楼宴》一文中说:"《红楼梦》里描写的宴席,究竟是什么菜? 我反复思考,觉得是淮扬菜系。从《红楼梦》里描写到的一些菜和点心来看,如豆腐皮包子、酸笋鸡皮汤、碧粳粥、糟鹅掌鸭信、火腿炖肘子、螃蟹、蟹黄馅小饺子、火腿鲜笋汤等等,都是属于南菜,有的菜点,至今维扬菜系

陈杰画红楼菊宴扇面

里仍保留着菜谱……现在查看《红楼梦》，事实上也确是如此。所以我认为，《红楼梦》里的菜是淮扬菜的体系，是大致不错的。"扬州的黄进德先生在《红楼梦与扬州》一文中说："红楼美食，以南味为主，其用料与烹调技艺也颇具淮扬特色。这些佳肴多用油炸、火烤、炖焖，而尤以炖焖见长。这恰恰显示了扬州菜系的特长。因此，说红楼菜实在是扬州菜体系，是有道理的。"其他的红学家们也大都持此观点。

以上红学家们对《红楼梦》中南味的理解经历了一个过程。应该说，作为美食家的陶先生的看法比较客观，判断是基本准确的。此后关于红楼菜的讨论逐渐向扬州菜体系坐实。陶文台先生没有对红楼梦的菜肴进行过具体的分析，那么红楼菜到底是不是真如红学家所言是扬州菜呢？

《红楼梦》里所提到的饮食大致可分三大类——菜肴、主食点心、酒饮。

菜肴：糟鹅掌鸭信、酸笋鸡皮汤、火腿炖肘子、莲叶汤、清蒸螃蟹、鸽蛋、茄鲞、野鸡瓜子、烤鹿肉、牛乳蒸羊羔、紫姜、火腿鲜笋汤、炖鸡蛋、蒿子秆炒肉丝、蒿子秆炒面筋、油盐炒枸杞芽儿、虾丸鸡皮汤、酒酿清蒸鸭子、胭脂鹅脯、椒油莼齑酱、鸡髓笋、风腌果子狸、燕窝汤、五香大头菜、火肉白菜汤。

点心：豆腐皮包子、糖蒸酥酪、藕粉桂糖糕、松穰鹅油卷、螃蟹馅饺子、奶油炸牡丹酥、油粉梅片、雪花洋糖、建莲红枣儿汤、燕窝粥、茯苓霜、奶油松瓤卷酥、绿畦香稻粳米饭、红稻米粥、瓜子油松瓤月饼、江米粥。

酒饮：酸梅汤、糖玫瑰卤、木樨清露、玫瑰清露、绍兴酒、惠泉酒。

除了《红楼梦》故事的地域背景外，红楼菜的风味主要是依靠书所列的食物来确定的。这些菜中地方特点较明显的有下面一些：

关于火腿炖肘子：有人说"火腿炖肘子"是乾隆年间的扬州名菜，今名"金银蹄"，但在江苏商业学校1975年收集整理的《扬州菜谱》中并无"金银蹄"或"火腿炖肘子"这一菜肴，《扬州画舫录》中也没有提到有这一菜肴。唯一能让金银蹄与扬州挂上点关系的是《调鼎集》卷八汉席中记载的"火腿肘煨蹄肘"和"金银肘"。一般认为《调鼎集》为童岳荐所著，《扬州画舫录》卷九说："童岳荐，字砚北，绍兴人。精于盐笑，善谋画，多奇中，寓居埂子上。"《调鼎集》中收录的菜肴来源较广,不能肯定说书中所载的一定是扬州菜。而出版于1977年的《中国菜谱·浙江》中收有"火腿炖蹄膀"一菜,出版于1988年的《杭州菜谱》中则收有"金银蹄"一菜,并引用了杭州的一句俗语"头伏火腿二伏鸡,三伏吃个金银蹄"。从这些情况来看,火腿炖肘子是扬州菜的可能性不大,是浙江菜的可能性倒是不小。

关于茄鲞:《红楼梦》所描写的"茄鲞"的做法是:"把才下来的茄子皮刨了,只要净肉,切成碎块子,用鸡油炸了,再用鸡肉脯子合香菌、新笋、蘑菇、五香豆腐干子、各色干果子都切成丁儿,拿鸡汤煨干了,拿香油一收,外加糟油一拌,盛在罐子里封严,要吃的时候拿出来,用炒过的鸡瓜子一拌就是了。""茄鲞"不过是曹雪芹通过凤姐的嘴说出的富贵人家富贵逼人的扯淡的话而已,但既然大家都当真,我们也就当真分析一下。在古代,鲞大多是用鱼制作的,《西游记》中有一歇后语:"老猫闻咸鱼,嗅鲞(休想)。"到了南宋以后,开始出现了菜鲞,元代《居家必用事类全集》中就有"造菜鲞法":"盐韭菜去梗用叶,铺开如薄饼大,用料物糁之:陈皮、缩砂、红豆、杏仁、甘草、莳萝、茴香、花椒。右件碾细同米粉拌匀糁菜上。菜铺一层,又糁料物一次。如此铺糁五层,重物压之。却于笼内蒸过,切作小块。调豆粉稠水蘸之,香油煠熟。冷定,纳器收贮。"与《红楼梦》中的"茄鲞"制法不大相同。这道"茄鲞"中的配料新笋、五香豆腐干、糟油皆江南名产。新笋或是春笋。康熙皇帝最喜欢吃江南产的春笋,每次下江南必食此味。曹雪芹的祖父曹寅深体康熙心意,每次向北京进贡"燕来笋",也就是"笋菜沿江三月初",燕子归巢时破土而出的春笋。曹雪芹嗜笋,《红楼梦》饮食中有鸡皮鲜笋汤、鲜笋火腿汤、鸡髓笋等味。至于五香豆腐干,乾隆时苏州、杭州、扬州的五香豆腐干是当时名食。茄鲞以糟油拌后封存。糟油俗称糟卤,现以江苏太仓的糟油最著名。早在乾隆年间成书的《随园食单》曾赞曰:"糟油出太仓,愈陈愈佳。"曹氏"茄鲞"和元代"造菜鲞法"有无联系且不去说,但从茄鲞所用原料来看,当属江南风味无疑。

糟鹅掌鸭信:《红楼梦》里已经说明此为江南菜肴。此处再罗嗦几句。曹寅在《药后除食忌谢方南董馈鲊鸡二品·将有京江之行》说："百嗜不如双跗羹"，曹家人爱吃鹅掌看来是有历史的。糟鹅掌在《宋氏养生部》中曾提及，为江南食俗。糟可用酒糟，也可用糟油。据清代《随息居饮食谱》记载："糟，以杭州绍白糯米所造，不榨酒而极香者胜，拌盐糟藏诸食物，味皆美嫩。"《调鼎集》也有关于糟的记载："嘉兴、枫泾者佳，太仓州更佳，其澄下浓脚，涂熟鸡鸭猪羊各肉，半日可用。以之作小菜，蘸各种食，亦可。"前引袁枚说"糟油出太仓，愈陈愈佳"。可见，不管是用酒糟还是糟油，都是浙江和苏南地区的饮食方法。又据《梦粱录》载，南宋临安市上有"糟鹅事件"出售。李煦任苏州织造时，也曾进贡糟茭白，糟酱茭白。所以，综合以上种种情况来看，这"糟鹅掌鸭信"应该是属于苏南风味的菜肴。

酸笋鸡皮汤：《红楼梦》第八回说道："宝玉在薛姨妈处吃晚饭，多喝了酒，薛姨妈做了酸笋鸡皮汤，宝玉痛喝了几碗……"此汤可以醒酒。酸笋的制法在《齐民要术·苦笋紫菜菹法》中有记载："笋去皮，三寸断之，细缕切之。小者捉小头，刀削大头，唯细薄，随置水中。削讫，漉出，细切资材和之，与盐酢乳用，半奠。"这是早期的乳酸笋。元人倪瓒《云林堂饮食制度集》载酸笋制法："酸笋法：用醋汁入白梅、糖霜或砂糖、生姜少许，调和入味，入熟笋腌少时，冷淡，不可久留。"可见，早在元代，苏州一带就已经有酸笋的制作了。清代乾隆年间江南一带酸笋制法又有变化。《调鼎集》载："酸笋法：大笋滚水泡去苦味，井水再浸二三日取出，切细丝，醋煮，可以久留。"扬州人向无吃酸笋的习惯。即使在扬州吃到酸笋，充其量只是因其可以久留，可以寄远，带到扬州来的。

风腌果子狸：《红楼梦》第七十五回提到：贾母喝了半碗红稻米粥，便吩咐："将这粥送给凤哥儿吃去。"又吩咐："这一盘风腌果子狸给颦儿、宝玉两个吃去……"《本草纲目》曾提起果子狸说："南方有白面而尾似牛者为牛尾狸，亦曰玉面狸，专上树木食百果，冬月极肥，人多糟为珍品，大能醒酒。"李调元《南越笔记》也说："其（果子狸）食惟美果，故肉香肥而甘。秋冬百果皆熟，肉尤肥。"清朝袁枚《随园食单》说："果子狸，鲜者难得。其腌干者，用蜜酒酿蒸熟,快刀切片上桌。先用米泔水泡一日,去尽盐秽,较火腿嫩而肥。"以此来看,果子狸也是南方人常吃的。

《红楼梦》里所提及的饮食总体来说,非南即北,唯独没有扬州土产的。说在盐商云集的清代扬州可以吃到尚可成立,说红楼美食就是扬州菜则未见其可。但这不影响扬州饮食界的研究热情,因为清代的扬州本就是一个汇集四方美食的大都市。在研制出红楼菜的过程中,学者与厨师得出一个共识:只要是扬州美食,都可以组合成一席红楼宴。这个基调保证了红楼宴研究是在扬州文化的基础上进行的,其成果可以让我们对清代扬州饮食文化有一个更为直观的认识。

# 二、文人食风

常有人这样评价中国菜:山东菜是官府菜,广东菜是商贾菜,四川菜是民间菜,江苏菜是文人菜。江苏饮食的文人气质在很大程度上是由扬州菜体现出来的。中唐以后,江淮地区在全国的文化圈中地位就越来越重要,尤其是清朝,扬州八怪、扬州学派、广陵琴派、扬州围棋、扬州工艺让人目不暇接,往来扬州的文人更如过江之鲫。扬州饮食的文人气质就是在这样的背景下形成的。

欧阳修像

## ◎太守宴平山

扬州饮食文化的文人气质是不是可以从欧阳修说起? 在欧阳修之前,扬州地区也来过一些著名文化人的,如汉代的枚乘、唐代的陆羽等。但从对扬州饮食文化的影响来说,谁都没有欧阳修大。欧阳修在扬州做了一年左右的官,行宽简之政,仅两三个月下来,地方上就政和人安,而他的衙门也和寺院一样安静。

欧阳修在蜀冈上修筑了平山堂,这里成

为他与文人们诗酒雅集之所。在夏天的早晨,他常常带着客人来到这里,派人从邵伯湖摘来很多荷花插在盆中,行酒的时候让一个官妓取一枝给客人往下传,每个客人拿到花都要摘一片花瓣,摘到最后那片花瓣的人就要饮酒,往往披星戴月而归。对这段时光欧阳修是比较怀念的,他有一首词《朝中措·平山堂》记录的就是这种快乐:"平山栏槛倚晴空,山色有无中。手种堂前垂柳,别来几度春风。　　文章太守,挥毫万字,一饮千钟。行乐直须年少,樽前看取衰翁。"今天的平山堂上有一楹联:"过江诸山到此堂下,太守之宴与众宾欢。"说的就是当年的这段往事。

欧阳修之前当然也有一些著名文人来过扬州,比如中唐时的陆羽,比陆羽早些的有李白。南北朝时北方士族南渡,更有大批的名士曾盘桓于此,这些前贤虽然在扬州也会有诗酒风流的故事,但没有人能够像欧阳修这样对扬州饮食文化产生重大影响。文章太守的风采让后人追慕不已。此后,文人雅集的诗文酒会便成为扬州饮宴的重要组成部分,而平山堂也成为雅集的首选之地。

清康熙十二年,金镇任扬州知府,当时的平山堂已破败不堪。在汪懋麟等人的建议下,重新整修了堂上的一些建筑。完工以后,金镇在平山堂上置酒大宴四方贤士,与宴者百余人,一时名动江南。魏禧在《重建平山堂记》中这样评价金镇的功绩:"扬俗五方杂处,鱼盐钱刀之所辖,仁宦豪强所侨寄。故其民多嗜利,好宴游,征歌逐妓,袨衣媮食,以相夸耀,非其甚贤者,则不复以文物为意。公既修举废坠,时与士大夫过宾饮酒赋诗,使夫人耳而目之者,皆欣然有山川文物之慕。家吟而户诵,以文章风雅之道,渐易其钱刀驵侩之气。"这段文字大意是说,当时的扬州风气浮夸,自从金镇重修平山堂之后,堂上文人雅士饮酒赋诗的文宴活动,使士宦百姓们都受到了影响,整个城市变得文雅起来。金镇的平山堂文宴是清代扬州饮食文化的一个象征。从这里开始,扬州饮食中的文人气质就越来越浓厚了。金镇在扬州做官的时间不长,平山堂上与宴宾客中却不乏名流,有魏禧、汪懋麟、宗观、尹会一、毛奇龄、汪耀麟、邓汉仪、彭桂、曹溶、许虬等。

关于平山宴集的饮食描写，大多是很简练、很写意的。汪懋麟在《金长真太守兴复平山堂落成宴集纪事》诗中写的是："芳筵歌鳆鲤，美酒泻葡萄。选胜宜烹韭，升堂拟献羔。"汪耀麟写的是："旨酒咏鲦鲨……五泉金井水，八饼玉川茶。"邓汉仪写的是："寒雨微郊甸，邦君治酒浆。招邀多上客，宴饮埒清漳。"许虬写的是："楚浆馨桂醴，郇炙杂兰椒。"对这些诗，可以理解为饮食很精美，很奢华，但不可逐一对号去解。

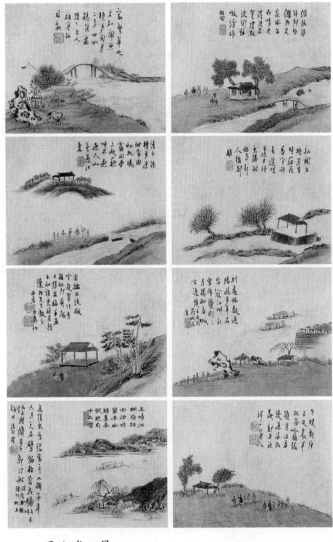

平山堂八景

金镇之后，在平山堂宴集的人有很多，其中影响较大的是诗人王士禛、学者阮元等人搞的一些平山堂文宴。规模最大的或许是王晴山在这里举办的一百多人的文宴，与会者多有当时的名士。杭州万松书院的施安甫为这场盛会写了一首二十四韵的长诗，诗中写道："庐陵玉局本词客，白头出绾刺史纲。当年手种不可见，泠泠修竹无根荄。至今山川闳清气，风雅往往供谈谐。"庐陵是欧阳修的家乡，"当年手种"说的是欧阳修在平山堂前种的柳树——还是对欧阳修的那段往事念念不忘。清代文人宴集平山是很频繁的，在《扬州画舫录》一书中有多处这样的记载。王晴江也曾在平山堂宴集时贤，扬州八怪中的高翔参与宴集，并留下了画作《平山堂八景》，画上题诗道："乍暖轻凉正及晨，笔床茶灶总随身。冶春漫道风流歇，剩有渔洋一辈人。"小说《红楼复梦》一书里有扬州地方官员请松节度使和祝梦玉到平山堂饮宴的情节，应是对当年情况的写实反映。

从清人的诗文来看，平山堂上的饮宴主题大致有怀古、纪念、修禊、游览等几类，当然也有单纯的官场宴请。金镇当时整修平山堂时，基本上是官府出的钱，但平山堂并不是只对官场开放，普通文人也可以去那里雅集饮宴的。所以，当平山堂落成的时候，有人在文章里把金镇比作欧阳修，说的就是他们对扬州地方文化的贡献有相同之处。

### ◎ 修禊多文宴

扬州文宴，以文人身份举办而名声卓著者非"红桥修禊"莫属。"修禊"本是古人在农历上巳节（三月三）时在水边举行的祓除不祥的活动。自东晋王羲之的兰亭修禊后，这种民俗活动逐渐演变为文人、名士的文学饮宴活动。金镇重建平山堂后，毛奇龄在《复修平山堂记》中将平山堂文宴与"兰亭修禊"相提并论。其实当时扬州已经有影响很大的修禊活动——"红桥修禊"了。

红桥修禊之地

历史上大规模的红桥修禊举办过多次，有三位主持人最为突出。

其一是清初文坛的领袖人物王士禛。他在扬州做推官的时候，白天处理公务，晚上则与文人宴饮，谈诗论词。康熙元年的三月三，王士禛与诸名士集于红桥修禊，众人"击钵赋诗，游宴不息"。康熙三年，他再度召集红桥修禊，作《冶春绝句》二十首，唱和者甚众。在诗中，王士禛写道："好记甲辰布衣饮，竹西亭子是兰亭。"可见他对于这个活动的效果是相当满意的。至今在扬州还有冶春茶社，虽非当年修禊之地，但也可供人们怀想当年盛况。王诗中说一起饮酒的是布衣，其中的孙枝蔚却是一个相当不俗的布衣。他本是陕西人，明末曾兴兵抵抗李自成，失败后来到江都。王士禛认为他是个奇人，常与其诗歌酬唱，订莫逆之交。

其二是孔子后裔、剧作家、《桃花扇》的作者孔尚任。康熙二十七年，孔尚任在扬州发起红桥修禊。参加这次活动的名士有二十四人，其中不少还是王士禛的朋友。因为参与者籍属八省，所以孔尚任称这次聚会为"八省之会"。

第三位是两淮盐运使卢见曾。他所召集的红桥修禊是规模最大、名士最多、影响最深远的。他在雅集上独创出"牙牌二十四景"的文酒游戏，把瘦西湖的二十四景刻在牙牌上，与宴者依次摸牌，然后根据摸得牌上的景致当场吟诗作句，吟不出的就罚一杯酒。这种酒令的新形式很快就在全国流行起来，瘦西湖也因此而声名远播。

这三位主持者中卢见曾是真正财雄势厚的，王士禛与孔尚任则是以其在文坛的地位来获得响应的，当然他们在官场的地位也

扬州名厨薛泉生的冷盘作品《虹桥》

不低。卢见曾在任两淮盐运使时,常于官署中邀集诗人吟诗饮酒,文宴之盛
为江南之冠。红桥雅集吸引了清代相当多的诗人、学者、书画家、名士,影响
之深远可谓空前。这些人多数是扬州周边地区人,也有相当一部分是各地
的名流。他们来时是冲着扬州的繁华来的,走的时候带走了对扬州的美好
印象,其中包括对扬州美食的好口碑。

在红桥修禊之外,扬州还有"秋禊",是秋高气爽时节文人们的诗文饮
宴活动,其中比较重要的主持人当数雍乾时期的著名诗人厉鹗。其实这样
的活动不独文人们喜欢,普通的老百姓也喜欢在这个时候出游取乐。厉鹗
在选秋禊地点时发现,那个传说中的风雅之地红桥,每到春秋佳日就游人如
织,一些有钱人家还弄了很大的游船在湖上饮酒作乐。这些酒船或几艘聚
在一起,或一艘接一艘地在湖上游曳,全无文人所期待的烟水趣味。最后,
厉鹗与诗友们从红桥到五亭桥,最后来到寂寥无人的芦湾,谈诗饮酒,兴尽
而归。后来,他的学生杭州诗人汪沆来到扬州,听说了红桥秋禊的盛事,又
去实地考察了一番红桥,写下《红桥秋禊词》:"垂杨不断接残芜,雁齿红桥
俨画图。也是销金一锅子,故应唤作瘦西湖。"瘦西湖由此而得名。当时瘦
西湖的那些修禊文人中就不乏销金客。

阮元宴客的地方别样风雅。阮元字伯元,号芸台,谥文达,扬州人。他
一生仕途通达,学问渊博,是乾嘉时期的学界泰斗。阮元退休以后回到扬州,
有一次他的弟子梁章钜来扬州拜谒他。阮元在文选楼设宴招待,两人饮酒谈
文,品评楼中所藏的夏商周三代的青铜器。相谈
正欢时,名士钱梅溪不期而至,于是入座共饮。阮
元高兴地说:"像这样三老一堂,眼中所见,手上所
摸的都是三代时期的宝器,人间这种聚会能有几
回呢!"当时钱梅溪八十四岁,阮文达年七十九,
梁章钜最年少,因是客人而居首坐。没过几天,阮
元的另两位朋友朱兰坡、王子卿也来到扬州。这
两人的年岁也不小了,王子卿八十四岁,朱兰坡

扬州阮氏琅嬛仙馆
珍藏金石书画之印

七十五岁。阮元的兴致更高,准备再搞个五老会,但这个计划因英国军舰闯入长江,扬州形势紧张而不得实行。此后的扬州日益衰落,饮食小事也见证了这场沧桑巨变!

散氏盘,传说阮元曾翻造过两件,
应藏于其家中的文选楼内

文选楼是南朝梁昭明太子萧统编选《文选》的遗址,历来众说纷纭,至少有四说:一为湖北襄阳,一为安徽贵池,还有江苏扬州和江阴。其实扬州的文选楼也有两处,一在仁丰里旌忠寺,一在毓贤街阮元家。据《扬州览胜录》载,文选楼在旌忠寺内,也叫藏经楼,是昭明太子编选《文选》的地方。阮元家的文选楼是遵其父遗命而建,位于阮氏家庙的西面。阮元除了是学者,也是收藏家,家中藏有许多古代名器。阮元宴客的文选楼应该是其家中的文选楼。

在文选楼这样的地方举办饮食活动也只有阮元这样身份的人才能够做、才适合做,若是换了眼中只有"阿堵物"的盐商来这里,对着那些三代法器,估计会食不甘味的。阮元多年在南方为官,其间,颇爱与文人学者往来。他在浙江为官时,安邑学者宋葆淳、歙县学者鲍廷博也在杭州。阮元在西湖的冷泉亭设酒,与这二位"道古竟日",路人称羡。估计这样的活动在阮元为官生涯中是常有的。

马氏小玲珑山馆也是扬州的学者、名士经常聚集的地方。与文选楼一样,小玲珑山馆是清代扬州的一处文化名区,园中有丛书楼,藏书甚为丰富,是学者们常来盘桓的地方。大名鼎鼎的扬州八怪也是这里的常客。《乾隆癸亥暮春之初,马氏昆季宴友人于玲珑山馆》说:"修禊玲珑馆七人,主人昆季宴嘉宾。豪吟董浦须拈手,觅句句山笔点唇。樊榭抚琴神入定,板桥画竹目生瞋。他年此会仍如许,快杀稽山一老民。"

### ◎ 饮馔名士风

江增是一位寓居扬州的黄山人,他在清代扬州文化圈中的名气完全来自他名士风流的派头。以派头出名是一个不太靠谱的创意,他能做到,则说明这种风雅还是相当吸引人的。

他首先给自己找了一个吸云餐霞的去处,在黄山下建了一间卧云庵。然后准备了一套吸引眼球的行头。他做了一付茶担,里面放上各种茶具,称为"游山具"。这样的形象一登场,立刻就让那些文人联想到了茶圣陆羽。但是江增的装备已经不是陆羽当年可以比的了,看一下他的配备:

清代的茶担

扁担:是柳树做的,用大漆刷上,再写上"卧云庵"的字号,两头挑的盒子各分三层。

前头一层:放铜制茶、酒器各一件。茶、酒器旁放着两付火箸、两个小夹板,小夹板中夹着卧云庵五色笺,还有一本袖珍的诗韵、一方砚台、一块墨、两枝毛笔。

前头中层:放了一个锡胎填漆黑光面盆,上面也刻写了庵名,一个浓金填漆掩雕漆茶盘,两方手巾,七把五色聚头的扇子。

前头下层:放了四个铜酒插,一把瓷酒壶,一个铜火函,一个铜洋罐,一把宜兴紫砂壶,一个烟盒,一个布袋,袋中装着木炭。

后头上层:放置秘色瓷盘八只。

后头中层:放瓷饮食台盘三十只,斑竹筷八双,铜手炉一只,填漆黑光茶匙八把,果钗八把,锡茶壶一把,取火用的刀火石各一,还有一个存放火种的竹筒。

后头下层：放了一只铜火锅，旁边放了四只小盘。

此外，扁担上还挂着用来盛酒的葫芦，一支紫竹箫，一支斑竹烟袋，还有一些大大小小的蒲团。

他的这一套行头在当时的扬州城里太拉风了，只要他一到湖边，几乎画舫上的游人都知道他来了。他的茶器是当时江淮地区很少见的，外面是一个铜制的圆筒，中间还有一个铜制的圆筒，在中间的筒里填上炭，下面有一个风门，名称叫茶镶。这是西北地区及俄罗斯人常用的一种煮茶器具，现在中国的东南地区基本上看不到这种茶器了，在当时的扬州应当也是非常稀奇的。

其他人虽不像江增那样拉风，但名士派头丝毫不减。清朝扬州有个书法家叫葛二峰，有一次醉倒在虹桥酒肆，在那里喊了一夜的糖炒栗子。这个形象很容易让人联想到魏晋名士。还有一个画家，叫杨良，字白眉，善画驴。他的画不拿来卖钱，而是用来换牛肉，画一只驴换一斤牛肉。时人叫他"杨驴子"，有两层意思，一是他善画驴，二是他的驴脾气。现在人多知道齐白石用一幅画换一车白菜的故事，却不知同样的雅事，早已在扬州上演过了。

名士风度有时也意味着一日三餐的艰难简陋。

金农六十五岁时书写的《蒙童八章漆书卷》中道："先生之食，左酒右酱。豆突主敬，作馈田亢。饭必奉挚，羹不以手。食必净撤，相处唯守。"金农一生落魄，或曾做过哪家学堂的老师，虽然可以在学生

金农《蒙童八章》

面前摆个老师的架子,要求"左酒右酱"的饮食标准,但这饮食的质量就不可去考究了。晚年的金农只能以古砚与山僧换米,住在破庙里抄写经文,然后以此于僧厨中分碗粥吃。

汪士慎一生清贫,他的饮食却是别有情趣。他有两句诗:"小蚬春芽汤自煮,瓦炉煨芋足温饱。"诗中的小蚬春芽还是相当有风味的平民美食。小蚬是河蚌中极小的那种,扬州人称"蚬蚬子",春芽是春天的那些鲜嫩的蔬菜,煮出来汤色醇白,春芽碧绿,正是文人所喜爱的那种清雅风味。

## 三、商贾食风

### ◎ 盐商的奢侈

扬州的商人中以盐商的财力最为富厚,一旦发财之后,好多人就抑制不住显摆的欲望,饮食极奢侈,而且还讲排场、出新奇。扬州的商业氛围一直是相当浓厚的,这样的环境几乎可以说是扬州饮食文化的主要成因。

《扬州画舫录》中记有一个盐商,每次吃饭时,厨师都要准备十多种席面。吃饭的时候,夫妻一起坐在堂上,仆人们抬着食案放在他俩面前,如果不喜欢吃的话,两个人也不说话,只是摇摇头,于是仆人们又换上另一食案。《宰相刘罗锅》里有一个情节,描写和珅吃饭的场面,与这盐商如出一辙,或许编剧者曾看过《扬州画舫录》中的这个故事也未可知。还有不少富人家里喜欢白天睡觉,从早晨一直睡到傍晚,然后开始点上蜡烛,准备一个通宵的

个园里的盐商家宴厅

饮食燕乐,第二天接着再睡。

个园主人黄至筠是清朝嘉道年间的八大盐商之一,其生活之奢侈在盐商中是很有代表性的。据记载,黄至筠每日的早餐是:燕窝、参汤、鸡蛋二枚。燕窝、参汤都能体现出他日常饮食的花费,这两枚鸡蛋也不是平常的鸡蛋。有一次,黄至筠在检查厨房账目的时候,发现账单上的鸡蛋居然贵到一两银子一枚,于

个园厨房一角

是就把厨师叫来问情况。这位厨师告诉黄至筠,这些鸡蛋是自家里的鸡生的。这些生蛋的鸡平时吃的饲料都是用人参、黄芪、白术、红枣之类滋补食材碾成粉末调制而成,这些鸡蛋的味道不同于一般的鸡蛋,价格当然也高于一般的鸡蛋。黄至筠觉得这个厨师在忽悠他,于是就换了个厨师。几天下来,他发现鸡蛋真的没以前做得好吃了,只好又把前面那个厨师找回来,并且从此以后再不问他关于鸡蛋价格的问题。据史料记载,道光时一石稻谷价制钱四五百文,制钱一千五百文兑换一两纹银。黄至筠一只鸡蛋吃掉了三石稻谷!

盐商中最精于饮食者可能要数绍兴籍的童岳荐,他不仅喜欢吃、讲究吃,还颇为用心地把当时扬州比较流行的菜收集起来,编成《童氏食规》,后来被一些不知名的人陆续添加新的内容,成《调鼎集》一书,此书可称得上是清代东南地区的菜谱大全了。从书中所收菜肴来看,当时扬州盐商的餐桌上,鱼翅、燕窝、熊掌、鹿筋、海参等高档原料是很常见的。当时扬州盐商们一席饮食也是极其丰盛的。比如戏席菜肴,有"十六碟、四小暖盘、四中暖碗、中四暖碗、四大暖碗、一大暖碗汤",这是戏席中比较常见的进馔款式。此外,本是官府排场的满汉席也是盐商宴客所常用的。满汉全席自乾隆南巡之后,逐渐成为商贾饮宴的排场。前面所列出的满汉席菜肴数量众

多，所以传说可以吃上三日三夜。虽然没有证据来证明这个传说，但从这些富商的通宵宴乐来看，也不全是无风之浪。

《调鼎集》所记的那些饮食可看作是盐商宴饮的一个佐证。《扬州画舫录》说扬州盐商婚嫁丧葬时的饮食车马等费用动辄数十万。康熙《扬州府志》说扬州的宴会"陈设方丈，伎乐杂陈，珍羞百味，一筵费数金"。有的盐商，在自家苑囿之中宴客，"每客待以宴童二，一执壶浆，一司供馔。馔则客各一器。常供之雪燕、永参之外，驼峰、鹿脔、熊蹯、象白，珍错毕陈。"大盐商江春有时一天招待的客人数以百计，以至于一个厅都坐不下，只好分亭馆安排宴席。

扬州筵席一向丰盛，但相对来说，明清两朝的筵席最为丰盛。清乾嘉时期，扬州筵席的规格是"七簋两点"，这是相沿已久的丰盛席面。到了道光时期，筵席更趋奢侈。汪稼门任江苏巡抚时，阮元正任浙江巡抚，二人相约，宴客时止用五簋，并刊刻了出来，曰《五簋约》。后来阮元居家宴客，一般都不过五簋。簋是一种盆状容器，用来盛装大菜。以今天宴客的排场来看，一桌酒席上七个大菜，也不算奢侈，若是五个大菜，就少了些。但自阮元提倡后，这五簋席也就流行起来，《调鼎集》记载五簋席的规格："客来，四热炒，八小碟，五簋一汤。"

清代宴客普遍用的是正方形的八仙桌，大菜有七个，其他的凉菜、炒菜加起来，总数要超过二十个菜。如此来看，七簋两点是奢侈了些。嘉道以后，扬州团桌开始流行，一团桌可坐十到十二人，原来的七簋两点也就嫌少了，于是出现了更为丰盛的筵席。林苏门在《邗江三百吟》中有"园中团桌"一诗，诗序说：桌取乎方，而此无棱角，曰"团"。由林苏门的语气来看，当时的扬州，团桌似乎流行时间还不长。扬州民间的团桌只是一张桌面，常见的是竹木所制的两个半圆形的桌面，用的时候合成一张。传统的方桌俗称八仙桌，可以坐八个人，而团桌则可以坐十个人。这样的团桌是扬州人家的花园中常备的。花园是憩息游玩的地方，在功能设计上没有考虑到饮宴的要求，所以当园主人偶尔与亲朋好友在花园中玩月赏花时，常设这样的团桌。此时即使有不招而来的朋友，也可以在团桌边添座，比之方桌，便利多了。长方形食案是从先秦时期传下来的,清朝时这种食案主要用在一些特别讲排场的地方,如乾隆南巡时就带了可折叠的食案来。扬州民间的筵席更多的还是八仙桌或团桌。

◎ **商贾的风雅**

商贾的饮食风气并非一味豪奢,也有充满着风雅气的。本来商人中有一部分人就是科举无望的,还有一部分人有了钱以后,希望借文化来遮掩一下暴发户的味道。因此,扬州很多商人都与文人有着密切的联系,也常效仿文人的诗酒文宴。

某盐商在平山堂宴客,座中各人以古人诗句"飞红"为酒令。轮到这位盐商时,他苦思了半天,说了一句"柳絮飞来片片红"。话一出口,大家哈哈大笑——柳絮怎么会是红的? 此时坐于席上的金农替他圆了场,金农说:"这是元朝人咏平山堂的诗,引用綦切。"众人不信,金农脱口而诵:"廿四桥边廿四风,凭栏犹忆旧江东。夕阳返照桃花渡,柳絮飞来片片红。"众人都不知诗是金农口占的,还以为那位盐商确实没有引错诗。

清代扬州牙雕作品
中的盐商的诗文酒会

盐商的小玲珑山馆、篠园、休园就经常搞一些文酒之会,园中设一案,放上文房四宝,还准备了一壶茶和几碟点心。这是作诗著文时的摆设,场景道具都是文人气的。诗文作完之后,大家入席,席上的菜肴无不高档、精美,非一般酒肆的菜肴可比。小玲珑山馆的主人马曰琯、马曰璐兄弟兼有商人和文士的双重身份,主持扬州诗坛数十年。此外还有扬州商总江春也是善于诗词的,曾得到过袁枚的称赞,《扬州画舫录》说他在马氏兄弟过世之后,是扬州诗坛第一人。在他们之前,扬州文人中影响很大的汪懋麟是盐商出身,后来中过进士,他还是清初文豪王士禛的学生。盐商程晋芳因为与文人交往,日日饮宴,所费过多,以至于家道零落,座上客有袁枚、赵翼、蒋士铨、吴敬梓等人。

马氏兄弟在小玲珑山馆中宴请汪玉枢、厉樊榭等名士,席间以明代嘉靖龙舟芙蕖雕漆盘饷客。大家盛赞此盘之精美:"丽盘出摩挲,髹漆工刻镂,式自果园遗,法匪扬汇授。"盐商洪某在一次消夏会上,所用的餐具"皆铁底哥窑,沉静古穆"。这样的做派,与阮元在文选楼宴客于商彝周鼎之间的趣味相似。

盐商的饮食也不是一味地奢侈,往往还有出奇的清雅脱俗之味。扬州有一名菜"蛤蜊鲫鱼汤",用极大鲫鱼加大蛤蜊数枚,清炖白汤,味清醇,汤质莹洁,没一点油沫,夸称此汤可以用来注砚磨墨。以汤中鱼肉用醋蘸食用,味道质感绝似蟹螯。扬州人程立万家的煎豆腐一绝,袁枚和金农在他家做客时吃过,赞不绝口。程立万豆腐煎得两面黄干,无丝毫卤汁,吃起来微微有蚝螯的鲜味,但盘中看不到蚝螯和其他杂物。第二天,袁枚把这煎豆腐的美味对查宣门讲了,查宣门说他也能做。过了几天,袁枚吃到了查宣门做的豆腐,大笑不已。原来查家豆腐是用鸡脑、雀脑制成,肥腻难耐,所费钱力十倍于程家豆腐,味道却远不及。查宣门是浙江人,不熟悉扬州美味的制作理念。对于扬州的老饕们来说,美味不一定要奢侈靡费,而要发掘出寻常食材中的美来,蛤蜊鲫鱼汤与程立万煎豆腐正是这种美食观的极好注释。至于程立万的身份,从袁枚对他直呼其名来看,应该不是一个有功名的人,甚至可能不是一个文士,有人认为他是扬州的一位盐商。

# 四、乡土食风

## ◎市井食风

生于扬州,想不讲究饮食也难,各样的饮食店早就被那些刁嘴的食客调教得高手如云、美食毕集。有学者说过,北京菜是北京的富人吃的,山东菜是山东的富人吃的。这话不一定对,如果放在扬州,这话就一定不对。明清时期,扬州盐商家里雇了各样的工人,有挑水的、有浇花的,事情不多,工资却不少,

清朝民间饮宴场景，
中间大人为身份尊贵者

基本上一个人养活一家子是不成问题的。于是这些人把工作做完以后，也可以悠闲地去泡茶社、泡酒馆。

清代扬州小东门码头有一家熟羊肉店，颇有名，以至于食客云集。但要吃到他家羊肉的美味，还是要花点功夫的。扬州的羊肉店一般是秋冬营业，那些真正的饕餮之徒在凌晨鸡叫时起床，穿着皮袄，戴着毡帽，耸着肩，呵着手，不避霜雪，来到羊肉店，还要弄些小费给厨师，才能吃到最美味的羊肉。厨师首先给他们上的是羊杂碎汤，称为小吃，然后再上羊肉羹饭，一人一碗。剩下来的羊杂并羹饭再一锅煮了，滗去浮油，再给每人盛上一碗。食客们大多是回头客，大多是扬州的普通百姓。那些富裕的盐商此时正在酣睡，是吃不到这些美味的。

将军过桥也是百姓爱吃的名菜，又名黑鱼两吃，一是炒鱼片，一是黑鱼汤。这个黑鱼汤做得极讲究，鱼头、鱼骨、鱼皮，还有鱼肠全连在一起。鱼肠可吃的不多，但像黑鱼这样的食肉鱼类，鱼肠一般是短而肥的。扬州人以此为美味，那些专寻美味的食客有一句很不上路子的话："有了黑鱼肠，不顾爷和娘。"受盐商的影响，扬州市民的饮食往往也有近于饕餮的。比如吃青蛙，有人就专吃青蛙腿上一块圆圆如豆的肉，称为"水鸡豆"。

董耻夫《扬州竹枝词》有诗："清和天气暖风徐，脱尽棉衣四月初。庆誉典旁沽戴酒，樱桃市上买鲥鱼。"对于扬州的食客来说，美味是最重要的，以至于去当铺当掉冬衣，换钱去买酒、买鲥鱼。如此好吃的真性情，既可以说其近于无赖，也可算得上是名士风度了。

往来扬州有那么多的官商，当其家业鼎盛时，饮食的豪奢令人侧目，而当家业衰败时，往往让人感慨。清末，扬州有一个姓胡的世家子弟，落拓无依，流于市井,常去"惜馀春"留连,也不开口求人。有知道他隐情者,常借故请他共食一饱。有一次,惜馀春不见了一把马口铁的酒壶,这壶不值钱,店主以为不会有人偷,或许是放在哪个地方了。第二天,胡某拿着壶来,满口抱歉。原来,昨天他穷得没有吃饭的钱了,于是就把这把壶拿去酒家赊酒饭。惜馀春经常拿这把壶去那酒家打酒,胡某知道这情况,所以拿壶去便能换来酒饭。等胡某走后,惜馀春老板说,胡某虽然穷,但也不失为君子啊!"金三花子"也是经常往来惜馀春的,他也是世家子弟,行事又不同于胡某。他在惜馀春为客人跑腿,赚点饭食钱。遇到冬天风雪交加的时节,就是这个连自己温饱都成问题的人,会用自己余下的一点钱买了热粥给那些比他更贫苦的人吃。这种事情,他自己从不对人讲,有人问他,也坚决不承认。

也不是所有落魄的世家子弟都如那位胡公子的。扬州评话中的人物皮五辣子也是一位落魄子弟,败家以后,人也变得不堪。张妈妈帮他说亲,他来到张妈妈家里,两人寒暄几句,张妈妈问他:"老五呀,可曾吃过早茶呀?"张妈妈说的是客气话,哪晓得跟皮五辣子不能客气。皮五辣子就开始贫嘴:"我呀,早上从公馆出来,遇到宝庆银楼的小老板,他硬拖我,说'老五呀,走,去泡壶茶,烫个干丝,弄一笼蟹黄包子,弟兄俩谈谈玩玩。'我说'今天有事,改一天再奉陪。'他还是拖,拖得两下红了脸,我也没有扰他。我才把他回掉,又遇到广泰南货店的小开,也要拖我去吃早茶,又被我回掉了。我怕你张妈妈在家着急,所以一早就来了。"张妈妈问:"你说上这么些废话做什么?究竟有没有吃?"皮五辣子说:"没有吃哩。""既没有吃,才泡的锅巴,弄点吃下子吧。"于是皮五辣子老实不客气地把张妈妈的锅巴吃得精光。

### ◎ 乡村食风

扬州素以美食著称,浪费铺张也不在少数。在前面章节里,我们看到的都是扬州饮食奢华精美的面貌,但这并不是扬州饮食文化的全部。就在康、雍、乾、嘉的鼎盛时期,就在仕宦盐商饱饫肥鲜、食竞豪奢的同时,扬州饮食也有着节俭的另一面,这一面在乡村。

扬州学者焦循家中的饮食非常俭朴。据《北湖小志》记载,在他年幼的时候，家中祭祀时，在桌子四角放四只酒杯，然后慢慢地斟上酒。焦循问父亲为什么要这么做。父亲告诉他，这是祖宗传下来的习俗。在康熙之前，乡村人家请客，一桌只有一杯酒，从上席最年长最尊贵的客人，到末席地位最低的客人，每人喝一口，然后传于下一位。为防止不卫生，每个人都自己带一块干净的手巾，喝一口酒后，将酒杯上自己喝酒之处擦拭干净，再传与下一位。父亲说现在一桌放四个酒杯，已经很奢侈了。一桌传饮一杯酒，很有点像日本茶道中饮茶的场景。古代的日本茶道中，也是几个人共饮一碗茶的。估计，除了出于俭朴的生活理念，也是为了拉近人与人之间的关系。

到焦循那个时候，其乡人饮宴已是人手一杯。在焦循幼年时，乡民们的岁时饮宴，有酒皆家酿，菜只是些鱼、肉、大白菜、韭菜而已，并无用海味者。盛宴上用四个小盘盛果蔬，四个中盘盛干肉、腌鱼之类，四个大盘盛鲜鱼、湖鸭之类，称之为"四喜席"。至于后来的八大碗、八小碗、十六个碟子的排场，闻所未闻也。而此时扬州城里最普通的宴客排场是三碗六盘，而且口味各出其奇。

清初康熙时，北方的一些地方饮食曾经非常简单，家中来客，往往佐酒只一肴。康熙以后，天下承平日久，经济繁荣，饮宴也逐渐奢侈。扬州以其特殊的地理优势，在明末兵火之后，很快就恢复过来，但那只是富商与官僚的饮食，平民百姓的饮食也只是比周边地区好一些，如遇荒年，一样会饿死人的。焦循为扬州大儒，虽未为官，但其家境想来不差，否则何以供他读万卷书呢。以他的家境，饮食节俭若此，在乡民中全无突出。

焦循致容甫信札，
谈的即是饮食小事

可见,当时扬州虽城内商贾饮食奢侈,但乡村风气还是比较朴实。焦循作《北湖小志》时为嘉庆丙寅年,那时的扬州已经过康乾浮华的浸染,不知俭朴为何物了,焦循所居的乡里,稍有条件的人家也都讲究饮食。

繁华是社会之荣,浮华是社会之耻,明清扬州饮食的繁盛,多少是基于繁华,多少是出于浮华? 另外,焦循所言传饮法与日本抹茶道的饮茶法如出一辙。日本茶道很提倡俭朴的风味,而且一如既往地坚持了下来。扬州的饮食文化也不缺少俭朴的基因,众多的扬州名菜不就是用最普通的食材制作而成的吗? 只是这种俭朴每至社会繁荣期就会被当成过时的东西,被淘汰。

### ◎ 社交食俗

人情往来中,饮食为第一要务。相见时,如值饭点,中国人一定会问:"吃过了吗?"为拉近人际关系,发出邀请,也常说:"什么时候小聚下子?"从打招呼到致谢到赔礼道歉,从婚丧嫁娶到生日到升学,中国很多的人际交往都是在饭桌上进行的。扬州自元明清以来,百姓的经济条件一直不错,大多数时候不必为一日三餐发愁,但饮食依然在社交中占有重要地位。

人际关系中首要的是亲人的交往。女儿出嫁,扬州人说是"把人家了",从此以后就是人家的人了。每年大年初二以后,出嫁的女儿都要回到娘家吃饭。此外,清朝时还有开生之说,给已嫁的女儿家送"元宝鱼"。此时,市场上的活鱼既少且贵,那些有女儿出嫁的人家,为了表达爱女之情,不管鱼有多贵,也会买上三五对鱼,活养了装在描金木盆中给女儿送去,为女儿家里发个今年有余的吉兆。孩子出生三日,扬州要送洗三红蛋。主人家送鸡蛋给亲友,一半染红,一半不染。送红蛋还分男女,若生男孩,则送单数,生女孩则送双数。鸡蛋的个数根据亲疏关系来定,关系近的,送的多,关系远的,送的少。现在,扬州依然有送红蛋的习俗,但鸡蛋多不染色了。

岭南白族有"三道茶",头道茶苦,二道茶甜,三道茶淡,据说白族人以此喻人生苦尽甘来、方有回味。扬州也有"三道茶",十多年前,我参加一个朋友的婚礼,新娘接来后,新郎家里即以三道茶饷之。那三道茶其实只是三道带汤水的点心,点心品种应该有吉祥寓意,如汤圆、红枣汤之类。现在扬州的婚事中很少看到三道茶,时代变迁,多少民俗都丢失了。

明清时,扬州三道茶是相当郑重其事的。古人以为,茶树植下不可移栽,用在婚事中,意在祝新人不离不弃、白头到老。男方给女方下聘礼,称"下茶"。因为早先的聘礼中是有茶的,而茶是简单、高雅的符号,送茶表示自己的礼物虽轻,情意却真。《红楼梦》中王熙凤拿林黛玉开玩笑,说吃了我们家的茶,就是我们家的人了,即是挪用了"下茶"的意思。

可以吃三道茶的,不止是新妇。招待媒人,以及新女婿上门、姻亲初会时都可用三道茶。三道茶第一道是高果,果品或糕饼在盘中堆得很高,这是用来看的,主客都不会去吃。这样的高果是从古代传下来的,古代称饾饤,一般都是用在席上撑场面的。宋朝以后,人们把这些果品放在茶汤中,也还称高果。第二道茶是莲子汤、红枣汤,条件差的可能就用汤圆,条件好的人家则用燕窝汤,都是甜食。这都是可以讨上好口彩的食物,莲子是接连生子,红枣是早生贵子,汤圆是团团圆圆,燕窝是新婚燕尔。古语中,燕通宴,有快乐的意思。第三道才真正用茶,富裕人家多用龙井,普通人家也用霍山。龙井茶自清朝以后,逐渐成为绿茶中的上品名茶,而安徽霍山所产的是黄茶,明朝许次纾说它"仅供下食,奚堪品斗",所以自产生以后,霍山茶就一直是普通人喝的茶。虽然只到第三道才有茶,但这三道都称为茶。

扬州农村寿宴上的寿桃

做寿时也要用茶。祝寿者登堂拜贺过寿星,一旁就有一个打扮齐整的人,捧着两杯高果请客人用茶。一般来说,客人是要谢绝的,当然如果真的接过来,这茶也是能吃的,而且味道不坏。这茶一般用银镶杯,内斟清茶,茶中放几个红杏仁、长生果,称为"点茶"。除了祝寿,逢年过节,家中也要备下这种高果点茶的。高果点茶在小说《西游记》中也有反映，唐僧师徒行到黄花观时，多目怪蜈蚣精端给众人的茶就是在清茶中加入了火枣几枚。

死者去世有"七七"之说，每至逢"七"日，死者亲友要带上茶来拜祭。清朝的做法是用一只旧瓷大碗或瓷缸，装上用绢做的人物、山水、花卉、鸟兽等，穷工极巧，称为"烧七茶"。整个碗中无非是绢、草，全不见茶。用茶祭拜逝者古已有之，一开始为的是节省，但后来，世风日渐浮华，茶已成为一种幌子。

扬州的红白事中，有人专门负责为客人倒茶斟酒，他备下各式茶酒具，听客人使唤，这种人叫做"茶酒人"。"茶酒人"一般都是外请的，他来主人家时，自己带茶酒具，这省了主人家的好多麻烦。若是自家的仆人来伺候客人茶酒，主家还要自备茶酒具。所以，茶酒人逐渐流行，至清中期，只要遇到宴客两三桌以上的，都会安排茶酒人。

挑怠慢盒。逢着喜庆集会或女客宴会，提前几天下请柬。到请客的正日子，主人早早办下丰美的食物。虽然宾主尽欢，但第二天早上，主人还要准备丰盛的食盒，让家人送到昨日的客人家里，并对客人说："昨天怠慢了。"林苏门有诗道："昨宵少敬一杯羹，怠慢还愁不腆轻。莫道增华徒踵事，正从过分表多情。"主人家正是用这种过分的举动表达对客人的热情。

计工包饭。佣工一般都是由主家安排吃饭，称为"款饭"，吃的是主家的情分。主人家给佣工"款饭"一般都比较差，逢着荒年的时候，佣工能有一口饭吃就很满足了，大家都不计较。但在太平岁月，经济繁荣，大家都讲究饮食，佣工也常嫌主家的食物粗粝而不愿吃。这样，主家在招佣工时，饮食问题不再是主家的人情，而是责任，双方要谈好一日三餐的标准，而这饭食费用还不能算在工资里。林苏门诗："一日三餐酒与肴，不言款待但言包。"说的就是这种情况。如今的扬州，私人家雇工，还是要将一日三餐谈妥才能开工。

行令饮酒。中国人于饮宴间，为助酒兴，有各种酒令。扬州人酒风很盛，基本逢宴便饮，饮必有令。行令时，有各种酒筹，富贵人家常有用象牙制酒筹的。虽然大家都爱喝酒，但逢聚饮，却无人肯多饮一杯，于是就依酒令而定喝酒与否。酒筹放在笔筒里，各人抽出，喝与不喝，喝几杯，都在酒令上。

《红楼梦》中有多处关于饮酒行令的描写,扬州的酒令也大致差不多。

过早碰头。扬州人一般的朋友议事聊天,如无必要设宴,往往约了到某一面馆、茶肆,边吃边聊,称为"过早"。此风从明清时即是如此,俗云扬州人"早上皮包水",就是"过早",现在也称"吃早茶"。古代人们联系不便,而吃早茶又不是很正式的饮宴,所以不需提前约定,只需早晨亲到其家相邀即可。"碰头"这种饮宴活动正如其名,三五人一起闲聊,忽然觉得想喝两杯,于是大家聚钱而饮。

◎ 节令食俗

扬州人一年的饮食,准确地说是从年前开始的。时至岁末,在外工作的人纷纷回乡,家人聚在一起饮宴的机会也就多了。除夕宴集,在古代称为"泼散"。唐韦应物诗云:"田妇有嘉献,泼散新岁余。"写的就是村妇给家人准备泼散筵席的事。扬州民间习俗,除夕筵上的最后一个菜一定要有鱼,取年年有余的意思。厨下煮大锅饭,当晚吃不掉,余到第二天,也就是新年的第一天,称为吃隔年陈,也是年年有余的意思。煮饭时一定要煮出锅巴来,圆圆饱饱一大块,跟锅底一个形状,称为圆饱(元宝)锅巴。煮好的饭盛在大盆里,要高高堆起,上面压一张辟邪的红纸。

大年初一早上,扬州人要吃汤圆。有传说,汤圆原名"元宵",后因袁世凯忌讳它与"袁消"谐音,命改名汤圆。这个传说明显不可靠,清朝时,扬州人就称其为汤团或汤圆了。大年初一吃的汤圆通常是除夕做好的,新年第一天不作兴做事,否则会终年劳碌的。从大年初二开始,亲友间相互宴请,一直到元宵节才逐渐消停下来,此称之为"请春卮酒"。旧时的扬州人还有初一早上吃"吉祥如意蛋"的习俗。扬州评话《皮五辣子》第二十七章中有这样一段记叙:"到了四更天,寒气更重。这时远远地有人喊:'卖——吉祥如意蛋!'何谓吉祥如意蛋?就是鸡蛋煮熟,蛋壳上画起人物山水来,配上红绿颜色;或者写些字,什么'吉祥如意'、'年年如意'。"

春节之后是元宵节。扬州人的元宵过得特别长,从正月十三到正月十八。扬州人说上灯圆子落灯面,十三上灯吃汤圆,十八落灯吃面条。外出打工的人一般都会在元宵节后出门,所以吃圆子是阖家团圆,吃面条则表示一年顺顺当当。

寒食本是春季重要的节日,但自宋以后,逐渐被清明所替代。节日变了,食俗却没有大的改变。清明时节,扬州受江南的影响要吃青团,这本是寒食节的时令食物。清明节家家祭祀先人,祭祀活动之后,家庭成员之间也会有小规模的饮宴。宋代高翥的《清明》诗云:"南北山头多墓田,清明祭扫各纷然。纸灰飞作白蝴蝶,泪血染成红杜鹃。日落狐狸眠冢上,夜归儿女笑灯前。人生有酒须当醉,一滴何曾到九泉。"看来,清明宴饮由来已久,非某一地所独有。

我国古代有荐麦尝新习俗,具体时间各种说法似乎不尽相同。春秋时,夏正四月麦熟,要先给国君尝新。春秋时,晋景公做了个恶梦,惊醒后便觉不适,召医生来看,诊断之后,医生说他吃不到新收的麦子了。此俗扬州直到现在还有,麦收以后,将大麦磨粉做成小条,热蒸而冷食,称为"冷蒸"。淮安人于此略有不同,他们是将麦炒熟碾成粉,食时用沸水调和,谓之"炒面"。

端午节一般传说是纪念屈原的,但在江南一带,还有个说法,是纪念伍子胥的。其实考察一下历史记载与端午的食俗,你会发现与寒食节有着千丝万缕的联系。北方传说,寒食是纪念介子推的,但在古人的记录中,晋文公下令禁火寒食的日子是五月五日,也就是端午。大约二十多年前,淮安人还有端午节晒粽子、咸鸭蛋的习俗,之所以要晒,就是因为这一天不能生火。

端午节吃粽子是中国人共同的习俗。粽子的包法很多,扬州常见的是锥形或枕头形的,俗称小脚粽子。清代扬州的火腿粽子很有名,《随园食单》中记载的扬州洪府粽子,就是一种火腿粽子。《邗江三百吟》卷九中介绍了火腿粽子的包裹方法:"粽用糯米外加青箬包裹,北省以果栗和米煮熟,冷食之。扬州则以火腿切碎和米裹之,一经煮化,沉浸秾郁矣。"扬州的端午节除了吃粽子外,与各地都有些不同。这一天,扬州人要吃"十二红",这些食物要么本身是红的,如樱桃、西红柿、杨花萝卜、虾、苋菜,要么是用酱红色调料烹制出来的菜肴,如烧黄鱼、烧鹅、红烧牛肉、红烧蹄膀。"十二红"并无一定的名目,凑齐十二之数就可,但其中的黄鱼、苋菜、虾、杨花萝卜等物是扬州人必备的。《真州竹枝词》有一首买黄鱼的诗:"归来低与细君言,新到黄鱼市口喧。只恐过时无处买,拼教当却阮郎裈。"男子跟老婆商量,说新来的黄鱼很不错,咱也赶紧去,不是家中没钱吗,咱把裤子当了去买吧。明清时,扬州人端午还经常要买鲥鱼的,如今长江鲥鱼已绝,当什么档次的裤子也买不到鲥鱼了。

7月15日中元节是东亚地区比较重要的一个节日,这一天也是佛教的盂兰盆节。中元节也称鬼节,僧、道、俗皆有其传统。扬州的中元节,僧、道两教都会有施食济孤的活动,晚上则要烧纸元宝,放荷花灯。

扬州的中秋往往过得清丽雅致,尤其是城里。普通人家,中秋之夜在月下摆一张小桌,上面放些瓜果点心,家人围坐团圆,城乡风气大致相同。但在一些特殊人家,中秋的情趣诗意就要浓得多。在古代,祭祀仪式的参与者是有讲究的,中秋拜月参与者都是女人。小秦淮河是扬州中秋夜宴最盛的地方,沿河边有很多水榭,此刻多在室内挂一幅绘有广寒仙境的画,称为月宫纸;画前的供果桌上摆着月饼,月饼上插着一些纸绢扎的仙女,冠带飘飘,称为月宫人;月饼边上放的是子孙藕(长出分枝的藕)、和合莲(莲房饱满的莲蓬),取的是子嗣兴旺的寓意;选大个的西瓜细致地雕刻成瓜盅,瓜盅的口沿像女墙(房屋外墙高出屋面的矮墙),里面放上菱角、板栗、银杏等果品;桌上还有一个纸绢扎的宝塔。这样的仪式,称为供养太阴,太阴就是月亮,俗称拜月。参与拜月宴的人大多数情况下是一家人,但在小秦淮河的这些水榭里,情况会比较复杂一些。当时这里是演艺人员聚集的地方,歌女、戏子、说书人、娼妓都有。这些人聚在一起喝团圆

电视剧《红楼梦》里的中秋夜宴

汉陵苑博物馆夏梅珍女士主祭的中秋拜月

酒总是有点暧昧，但也一定比普通人家的团圆酒更有雅趣。《扬州画舫录》描写此刻的风光："其时弦管初开，薄罗明月，珠箔千家，银钩尽卷。舟随湾转，树合溪回，如一幅屈膝灯屏也。"

九九重阳节，扬州人要吃重阳糕。重阳糕是扬州重阳节前后特有的时令食品，糕是米粉做成，蒸熟即食，微甜、松软、爽口，老人和孩童尤为喜欢。糕形也很有趣，正方形，小小巧巧的，上染红点。卖糕人把若干块小糕叠成一摞，最上面插着一面纸质小旗。小旗有红有绿，三角形，还戳有许多小孔，戳了孔，板硬的小纸便柔软多了，迎风还能飘动，这就是所谓的"重阳旗"。

腊八粥。民间传说，腊八源于佛教，据云佛祖在农历腊月初八这一天得道。其实在中国本有腊八祭，《礼记》说"天子大腊八"，意思是在腊月里有一场重要的祭祀，祭祀的对象是八个神。腊日具体时间说法不一，《说文解字》说是在冬至后的第三个戌日，而《荆楚岁时记》说是在腊月初八。佛教传入中国，在本土化的过程当中，佛祖得道的纪念日逐渐深入人心，而原来的腊八祭逐渐被人们遗忘。

没有确切资料可以考证扬州人吃腊八粥的时间。但是在南北朝至隋唐时期，佛教迅速发展，"南朝四百八十寺"，扬州也正处于这环境中，所以一些习俗应该相同的。唐代高僧百丈怀海在《百丈清规》中提到腊八日要用"香花灯烛茶果珍馐"来供佛。这一天的寺院里信徒很多，或许这腊八粥是用来供佛的，亦或是用来招待信徒的。

古人吃腊八粥常会去寺院，这些人有的是佛教信徒，有的是贫苦百姓，也有的是政府官员。扬州评话《皮五辣子》里写皮五辣子在这天一大早带了个

**大明寺外领腊八粥的长队**

盆去寺院吃腊八粥的故事。皮五辣子出门的时候，天还没亮呢，正是霜浓路滑，但等他到了寺院，那里等着吃粥的人已经挤成一团了。皮五辣子不用跟那群人挤，他从后门进到香积厨，和尚已经给他留了上好的腊八粥。皮五辣子自己吃饱，又带了一盆回家给老婆吃。原来寺院里煮腊八粥是分二等的，普通的

腊八粥给普通的信徒吃，另外为官员与财主们单独煮了高档的。这档次的高低，一是看粥的稀稠度，更主要的是看加了什么料。一般的加些黄豆、黑豆、蚕豆，高档的就要加桂圆、红枣、花生、板栗等等。

腊八之后，比较重要的日子是祭灶，也叫送灶，在腊月二十三与二十四两天。这一天，灶王爷要上天去汇报一年来的工作情况，也包括主人家的道德人品。为防止他上天瞎说，各家各户都会弄些好吃的来贿赂他。祭品中猪头是不可少的，另外还有灶糖、糕果。到除夕那天还要再祭，称为"接灶"。《北湖续志》中记载了一个故事，说丁家庄有个农户，祭灶最为虔诚。每年除夕接灶，把家中洒扫干净，焚香跪祝。夜里，灶神会带来稻、菽等农作物放在灶上。大年初一，家人起床来看灶神所带的谷物及其放置位置，以此来卜新年的收成。据说，很灵验。

# 第四章　鳞次栉比扬州馆

　　扬州的餐馆一直是美食场所的代名词。早在元朝时，李德载在赠茶肆的一首曲子里就有"烹煎妙手赛维扬"的赞誉，把扬州馆子作为一个美食的标准来比照其他地方的餐馆。明清时期，扬州餐馆不仅有着本土的繁盛，更在很多大中城市享有盛誉。到了今天，正值扬州经济的新一轮起飞，扬州餐馆也趁着这股潮流走向了全国，走向了世界。扬州餐馆首先吸引天下老饕的是美酒与美食，此外，还有官府、豪门饮宴的排场，还有往来于扬州的文人雅士的风流，还有扬州园林市井的衬托，还有扬州美食风俗的深厚积淀。

# 一、官府饮宴之地

### ◎ 王侯的膳房

扬州最豪华、最排场的馆子当然要数御膳房。历史上,扬州历经了两汉、隋唐与清朝三个鼎盛时期。这三个时期,扬州都存在过不同规模的御膳房。

汉代漆器餐具

西汉时期,扬州曾先后为荆国、吴国、江都国、广陵国的首府,当时便是富甲东南的名邦,这些王侯膳房的规模及豪奢程度在当时一定是顶级水平。西汉枚乘为劝导吴王刘濞写了著名的《七发》,其中所提饮食水平之高完全可以视为吴王刘濞厨房的出品。吴王府厨房的排场,也可以依据《七发》中所描述的美食去想象。江都易王刘非是汉景帝之子、汉武帝之兄,《汉书》说他"好气力,治宫馆,招四方豪杰,骄奢甚",他的宫馆当然也就是其钟鸣鼎食之所了。上世纪80年代末,在仪征庙山汉墓中出土了一些精美的漆器,上面刻有"外厨""内厨"的名称,考古专家推测这个墓可能是刘非的墓葬。若果真如此,江都王府中应该有两个厨房,内厨专为刘非的内眷服务,而外厨则为那些在王府任职的臣属们提供饮食,包括承办一些大规模的宴会。在广陵王刘胥的墓葬中出土了上百件饮食用具,其墓葬东厢内出土的随葬品全部是饮食用具,其中有27件成套的漆耳杯、漆盘、漆案、漆碗、铜鼎等。这些物件从侧面说明了当时王府膳房的奢华。

隋炀帝幸扬州，带了众多的大臣、宫女，后来又在蜀冈上建了行宫，其中当然也有御膳房。为了解决随行人员的饮食问题，蜀冈行宫膳房的规模一定是相当大的。隋炀帝的奢侈是众所周知的。据说他在扬州时，周边几百里范围之内的城市络绎不绝地给他的御膳房送食物，珍馐异味不可胜数，吃不完的便一埋了之。晚唐时，扬州为吴王杨行密的首府，王府膳房的奢华自不必说。但是当时的扬州几经战乱，物产民力都与前朝不可同日而语，膳房规模也应不及从前。

最鼎盛的、影响最大的、记载最详细的无疑当属清代上买卖街的大厨房。上买卖街的大厨房与康熙、乾隆的南巡有关。皇帝出巡带的人很多，扬州虽然饮食市场发达，但一下子要找能接待这么多人的高档场所还真不容易，而且这样的场所还有非常高的安全要求。寺观之类的建筑就比较合适，没有什么来历不明的人，而且关闭寺观也不会太惊扰百姓。于是，地方官就选了扬州城北的上买卖街。这条街前后的寺观一下子就成了皇帝的御膳房了，可能还新建了一些房子作厨房用，等皇帝走后也舍作寺观了，所以《扬州画舫录》中说"上买卖街前后寺观皆为大厨房，以备六司百官食次"。除了百官，还有皇帝的卫队、皇宫的内眷

65 上买卖街前后寺观皆为大厨房。以备六司百官食次。第一分头号五簋碗十件。燕窝鸡丝汤。海参烩猪筋。鲜蛏萝卜丝羹。海带猪肚丝羹。鲍鱼烩珍珠菜。淡菜虾子汤。鱼翅螃蟹羹。蘑菇煨鸡。辘轳锤。鱼肚煨火腿。鲨鱼皮鸡汁羹。血粉汤。一品级汤饭碗。第二分二号五簋碗十件。鲫鱼舌汇熊掌。米糟猩唇猪脑。假豹胎。蒸驼峰。梨片伴蒸果子狸。蒸鹿尾。猪肚。野鸡片汤。风猪片子。风羊片子。兔脯。妖房签。一品级汤饭碗。第三分细白鱼碗十件。猪肚。假江瑶鸭舌羹。鸡笋粥。猪脑羹。芙蓉蛋。鹅肫掌羹。糟蒸鲥鱼。假斑鱼肝。西施乳。文思豆腐羹。甲鱼肉片子汤。绉兒羹。一品级汤饭碗。第四分毛血旺二十件。菱炙哈尔巴小猪子。油炸猪羊肉。掛炉走油鸡鹅鸭。鸽臛。猪杂什。羊杂什。火烧小猪子。火烧羊肉。白面饽饽卷子。十锦火烧。梅花包子。第五分洋碟二十件。热吃劝酒二十味。小菜碟二十件。枯菜十徽碗。鲜菜十徽碗。所谓满汉席也。66 后门外围牛马圈。设翁牖以应八旗随从官禁卫一门祗应人等。另置庵室食次。第一等妖子茶。水母脍。鱼生粥。红白猪肉。火烧小猪子。第二等杏酪羹。炙肚。炒鸡炸。红白猪肉。火烧羊肉。硬饼饽饽。第三等牛乳饼羹。红白猪羊肉。火烧牛羊肉。第四等血子羹。红白猪肉。猪羊杂什。大烧饼。第五等妖子饼酒。火烧牛羊肉。肉片子。肉饼儿。醋熘毛大猪大栏花羊。火烧。肉片子。肉饼儿。

扬州画舫录 卷四 一〇六

《扬州画舫录》关于上买卖街大厨房的记载

等人,他们的饮食则另有安排的地方。

前面介绍过这些大厨房里烹制出来的满汉席。关于满汉席的规模,学者赵荣光先生在《满汉全席源流考述》中认为那么多菜不可能出现在一个场合,可能是李斗在写《扬州画舫录》时把几桌或者更多的席数凑在一起的。赵荣光先生从清朝宫廷的制度出发得出这样的结论自是有他的道理,但是以"上买卖街前后寺观皆为大厨房,以备六司百官食次"的厨房规模,不可能只是做十几个菜的小型的筵席,除了为六司百官准备常规饭食之外,更可能做的是大型的宴会。

皇帝巡幸扬州时,他个人的饮食并不需要上买卖街的那些大厨房来烹制。1780年,乾隆皇帝第五次下江南,农历二月十四日到达扬州,当天晚膳安排在天宁寺行宫,第二天的晚膳安排在天宁寺的西花园,二月十七日晚膳地点在高旻寺行宫,早膳地点有净香园、漪红园或者是在游船上。这里的净香园、漪红园都是盐商的私家花园,原来应该是有厨房的。乾隆帝还曾在盐漕察院等地用过膳,后来这个衙门就有了皇宫的名号,现在这个地方已成为一片商业

乾隆驻跸的天宁寺

区，建了一座不高不矮的楼，名叫皇宫广场。这么多的地方，说起来真正有御膳房的大概也就是天宁寺行宫、高旻寺行宫、盐漕察院再加上前面说过的上买卖街前后的寺观这几个地方。从皇帝的饮食安排来看，上买卖街的大厨房也只能是为大型宴会准备的。

皇帝的随行禁卫则另有厨房安排饮食，饮食等级虽不能与百官相比，但也是按不同级别安排的。据《扬州画舫录》记载，御膳所用的牛羊好多是从京城带来的，茶房带了乳牛三十五头，膳房带了做菜的牛三百头。虽然路上会有消耗，但加上各地补给的，在总数上也不会差多少。所有这些到了扬州后也是需要一个相当大的地方来安置的。

皇帝巡幸不是常有的事，那么在平时这些厨房都派些什么用场呢？一般来说，这样的地方不会成为某个私人的场所，因为要避嫌疑，成为公务场所的可能性是最大的，因此这一类厨房可称为官厨。乾隆南巡以后，满汉席就成为扬州商人们炫耀财富、官员们显摆身份的常用筵席。那么，这么大规模的宴会一定还会用到这些场所。事实上，直到李斗写《扬州画舫录》时，这些大厨房还在发挥着作用，而皇帝已经不再来扬州了。《扬州画舫录》中记载：在大厨房之外，买卖街上岸还建有官房十号，仿京城南苑官署房例，作为皇帝随行官员的下榻之所。待皇帝走后，这个地方则成了盐务候补官员的居处。这部分官员的平常饮食应该有一部分是在上买卖街的官厨里解决的。

### ◎ 市府迎宾场所

新中国建立以后，扬州市政府的招待迎宾场所替代了封建社会的那些御膳房，性质上已经变成为人民服务的场所。这些招待所、饭店、迎宾馆抛弃了旧时代的奢侈浪费，继承了老扬州优良的饮食传统，成为扬州饮食文化的形象代表。

扬州宾馆在小秦淮河北岸，天宁寺东。1985年，扬州市政府在这里新建了扬州宾馆，刚开始是按两星标准建设的，后来通过逐步完善，现已经成为三星级的宾馆。在其建成之后相当长的一段时间里，扬州宾馆都是扬州饮食文化的标杆。一些重大的政府招待活动常在这里举行,而走出扬州的一些名厨,很多都有在这里工作的经历。上世纪 80 年代,扬州宾馆的厨师还与西园的厨师一起参与了扬州红楼宴的研制,是扬州最早经营红楼宴的两家酒店之一,另一家就是西园大酒店。

西园大酒店在扬州宾馆西,中间隔着天宁寺,这里在清朝时是天宁寺的西园,建饭店后即以此为名。天宁寺是清代皇帝南巡时常住之所,清帝大宴群臣的满汉席即是由上买卖街的大厨房制好后,摆在天宁寺或西园之中的。这里也是清代扬州名僧文思的住处。园中的一些水石园林还有所保留,西园大酒店落成后就成为扬州最高级别的政府宾馆。在这里下榻、用餐的有国家领导人、外国政要及文化名流。相比扬州宾馆,西园的面积要大很多,风景也相当优美。

扬州西园大酒店

扬州迎宾馆

扬州迎宾馆是西园之后建成的高级宾馆。改革开放后,来扬州投资的海外客商越来越多,迎宾馆的建设正是基于这种形势的需要。迎宾馆所在位置,原是清代盐商的私家园林,又比西园开阔许多。宾馆占地约 100 多亩,建筑面积近二万平方米。主体建筑为两幢总统别墅楼和一幢综合楼。宾馆拥有大小餐厅 15 个,餐座 800 个,曾经成功地接待过江泽民、胡锦涛、朱镕基、吴邦国、温家宝、曾庆红、李长春等数十位党和国家领导人;接待过法国总统希拉克、朝鲜领导人金正日、泰国王储、泰国公主、西班牙王室成员等国宾。在承担政府接待任务的同时,迎宾馆也成为扬州市民结婚、生日及商务宴请的场所。

除上面所说的三个政府宾馆之外,扬州还有几家招待所,也承担了不同等级的接待任务。第一招待所、第二招待所、小盘谷招待所等。

萃园城市酒店位于文昌中路。清末丹徒包黎先筑大同歌楼于此。未几,毁于火。民国七年到八年间,由盐商集资改建为萃园。四周竹树纷披,饶有城市山林之致。园之中部仿北郊五亭桥式,筑有草亭五座,为盐商当年宴游之处。民国十年,日本人高洲太助主与两淮盐务稽核所,借寓园中。此后,园门常关,游踪罕至。抗战时为汪伪师长熊育衡占据,改名"衡园"。解放后,扬州市将其与西邻的息园合并,改称市政府第一招待所。

由于有园林的底子,萃园的布局结构极富艺术感,四面亭台,廊屋相连,宛如仙阁四起。萃园几经翻修,建筑秀美,花木繁茂,环境洁雅,清新自然,具城市山林之妙。改革开放以来,随着市场经济的需要,萃园不断加强自身的发展和扩大,重新规划布局,更新改造,目前具备一定的接待规模,在同行中属中档接待水平。饭店计有各类房间91个,套房4个,大小餐厅7个,同时能容纳300人左右就餐。

珍园饭店也在文昌中路,与萃园对门,为清末盐商李锡珍建,今已建成冶春珍园店。江都李伯通《过李氏珍园》诗云:"别业在城市,名园当画畔。小桥穿曲水,仙额聚方壶。有雨即飞瀑,无云多假山。水光浮潋滟,石骨露嶙峋。"今园门东向,门额题篆体"珍园"二字。两侧筑花墙,开漏窗数面。园东南侧有湖石假山,山有洞曲,上筑盘道,下临水池。池边架小曲桥达于洞口,假山东端有半亭掩映,西端接以回廊,廊间隔墙开月洞门。回廊北折通方亭,置美人靠及陶质桌凳。园中花木繁茂,植有紫藤、睡莲、丹桂、玉兰、芭蕉、枇杷、松竹、棕榈等,有百余年白皮松一株,别有百余年紫薇一株,惜已枯死。曲径用鹅卵石铺砌。园北部旧有层楼三间,现已改建成三层新式楼房。楼西筑隔墙,门通内宅,门楣额题"柘庵"。园西偏为住宅,其地旧为庵堂,宅前东壁门,原嵌有清嘉庆二十四年(1819)修《兴善庵记》碑石一通,现改建为二进平房。房前均有花圃,种桂花、翠竹、腊梅、天竹等。在后进院东,沿湖石花坛辟池一泓,院西置一六角形井栏,栏壁刻"泉源"二字,背面刻"珍园主人习真氏题,岁在丙寅天中节"字样。1962年,定为市级文物保护单位。

## 二、画舫酒船

### ◎ 游湖船、画舫、沙飞船

无法考证扬州湖上的游船始于何时,大概只要是承平时节,就会有游船。扬州游船的鼎盛时代是明清时期,这当然也是扬州的经济地位的一个侧影。

了解一下这些游船，也就可以了解明清时期扬州船宴的环境。

明代的游船称为游湖船，每艘船上都会有一块匾，匾上通常画一些吉祥图案或戏曲故事。清人曾在古董铺子里发现三块明朝的船匾，画的是"笔锭如意""胡敬德洗马""小秦王跳涧"。"笔锭如意"画的是一枝笔、一锭银子、一支如意，谐音"必定如意"；后两块则是隋唐演义中的故事。这样的游湖船与张岱笔下杭州西湖游船的气质不一样，西湖游船的文人气与富贵气都要多一些，而明代扬州的游湖船则更多世俗生活的味道。这种风格的游湖船直到康熙中期才逐渐消失，因为这时的扬州也文雅富贵起来了。

清代扬州的游船多称画舫。画舫的前身是泰州的驳盐船，因为船体老旧不堪运盐的重任，于是被牵入内河，在船上立柱覆顶、雕楹画楣，改造成了漂亮的画舫。这样的画舫大的可以放下三席，称为"大三张"，小的称为"小三张"。驳盐船一般还附有一只脚船，也被人拿来改装，船上新置的枋楣橡柱像个丝瓜架，于是就得了个"丝瓜架"的名字。"丝瓜架"是湖上画舫中块头最小的，名字也是相传最久的。扬州的画舫大多是私人经营，而经营者的背景不一。康熙年间，湖上有一艘很有名的大三张画舫，人称"卢大眼高棚子"。船主卢大眼本是贩盐的，后来因罪被取消了贩盐资格，于是把盐船改成了画舫。船主

停泊在御码头的扬州画舫

财力不足的,船往往也比较差。湖上有一类船名叫"一脚散",意思是这些船用的板材太薄,一脚可以踹散了。雍正年间,扬州还有一艘古董级的画舫"平安吉庆"。说它是古董,因为它是明朝风格的,舫匾上绘的是"平安吉庆"图。

康熙以后,画舫的船主开始找人在船匾上题字,所题的字也就成了船名。如果找不到人题字,人们就以船主人的名字来当船名。无人题字的大多是"丝瓜架"这样的小船。舫匾的样式各异,有时人们也以此来称呼无名的画舫,如"双柿""扇面"。为画舫题名以及题联的常有寓居扬州的名士,常常停在便益门的一艘画舫"锦湖行"上就有郑板桥的题联:"摇到四桥烟雨里,拨开一片水云天。"有些题名极有趣,前面说的明朝的那艘"小秦王跳涧"在雍正后还有人在用,但已经非常朽败了。名士李复堂开玩笑地题了个名字"一搠一个洞",后来居然被叫开了,成了艘名船。扬州多名士,船主中也有名士派头的。有一艘酒船的主人姓汤,嗜酒,卯饮午醉,醉了就睡,睡梦里还大喊着"拿酒来"。只要是他载客出游夜归,常常是客人自己撑船回来,船上的杯盘狼藉也是客人自己收拾,他只管在船尾呼呼大睡。名士田雁门特意为他题舫名"访

湖上画舫

"戴"，取东晋王徽之雪夜访戴，兴尽而归之意。

　　画舫主人各式都有。寺观画舫有大明寺的"五泉水船"、慧因寺"智慧舫"、桃花庵"划子船"。有些船主是僧人道士，却与寺观无关，如关帝庙"划子船"为僧平川所有，莲性寺"玻璃"为僧传宗所有，"叶道人双飞燕"为上元人叶道士所有。"桃花庵划子船"，船主是桃花庵的火居道人陈大，船原来已经破败，后来牛湘南太守出资给他修好了。陈大死后，由其子苟子继承，苟子划船打桨如飞，在湖上小有名气。沿湖的一些酒店也备有划子船，既可供客人餐后游湖，也可将游湖的客人接到自己的酒店用餐，如"骆家酒店划子船"。也有些船平时不作画舫的，如"孔大芹菜船""王家灰粪船"。"王家

清·高翔《溪山游艇图》

灰粪船"船长三丈，宽五尺，平时以运送城中垃圾为生，当然载不得游人，偶尔也会为司徒庙演戏的戏班子运送戏箱。但到清明瘦西湖龙船市，游人众多，游船不够，这灰粪船也就有人问津了。每年此时，船主将船洗刷干净，载些游人，不过雇这船的人大多是扬州城里的一般百姓。湖上供应饮食的是沙飞船，在这之外，还有一些卖点心的小划子，留下名字的有"陈胡子饼船""王三西饼船"。

　　画舫也不是哪儿都能停的，各有各的码头。清代扬州停靠画舫的码头有

十二个,每个码头可停靠船只也各不相同,档次也不太一样。停靠船只最多的是北门码头,画舫的档次也是最高的。"静观"与"四桨西洋船"是两只官船,每日泊在这里,除了高级官员,一般人是不能乘坐的。这里有四十九艘画舫,经人题匾的有三十艘。天宁门其次,有船三十七艘,经人题匾的有二十六艘。然后是小东门,有船三十三艘,经人题匾的有十四艘。画舫档次的高低,说明了这个码头的人气与财气,相应的码头附近岸上的酒家茶社也会比较多。傍晚的码头有一景,好多饭店里的小二拎着食盒送到那些停靠的船上。这一般有两种情况,一是白天游人上船前预定的,一是晚上约好在船上用餐的。旧扬州的馆驿前是诸多码头中比较特别的,建有皇华亭,是来往扬州的官员休息的地方,也是为离扬官员士子饯行之所。这一带在 2010 年进行改造,其中有不少饮食消费场所。

《扬州画舫录》对于沙飞船没有太多的描写,但在《桐桥倚棹录》中我们可以看到沙飞船的形制:"船制甚宽,重檐走舻,行动掮舵撑篙,即划开之荡湖船,以扬郡沙氏变造,故又名沙飞船。"《桐桥倚棹录》所记都是苏州繁华,与《扬州画舫录》正是一类的。由此来看,扬州人所造的沙飞船遍布江南,点缀了这一片湖光波影。据《桐桥倚棹录》记载,当时的沙飞船上可以放两三张桌子,船舱用蠡壳嵌玻璃做窗户,桌椅造型雅致,舱内摆放着香炉、插花,反正一切设置都极尽优雅。与沙飞船差不多的还有江船、摇船、牛舌头、划子船、双飞燕。牛舌头是一种较大的湖船,舱分内外,是湖上宴会常设之处。双飞燕则是一种单人双桨的小船。还有一种大凉篷,白天用高大的篾篷盖着,晚上去掉船篷,便于游客赏月。这种船原本是南京的制式,清代中期,在扬州也较为常见。这些都是官民通用的游船,在扬州的北门码头还有官船,非一般游人可以租用的。

### ◎ 绿杨如荠酒船来

"落魄江湖载酒行,楚腰纤细掌中轻。十年一觉扬州梦,赢得青楼薄幸名。"这是杜牧的一首很有名的诗。诗人是用什么载酒江湖行的?如放在中原地区,十有八九是大车载酒,但这是在水网密布的扬州,载酒当然应当用船。

运河上的船队

　　首先要说一下运河,这是自隋朝以后扬州最主要的南来北往的通道。水路是古代比较舒适的行程,不似陆路车马颠簸,走得也比较慢。这时,船上的燕饮就是最方便易行的打发时光的方式了。大运河开通以后,第一个搞这种休闲活动的是隋炀帝,他的水殿龙舟从中原开到江南,那是一路花天酒地过来的。后来明清帝王巡幸到此,虽然不像隋炀帝那样为了取乐而不顾家国天下,但在船上的饮宴活动却是不可避免的。乾隆帝南巡到这里时,自己带了大船,不仅载酒,还载了牛羊。除皇家的大船外,还有各式小快船往来传递信息,这种小船称为"草上飞"。此外,还有如意船、沙飞船等等在旁伺候。但是运河毕竟是一条交通线,弄一艘船成天地在交通要道上饮酒作诗是很不像样的。所以,一般来说,除了商旅行人,没有谁会去运河上载酒行乐的。

　　最有人气的船宴之地当数红桥一带的保障湖,也就是今天的瘦西湖,这是整个扬州的佳丽之地。每年春天,当柳色如烟之时,红桥附近就可以看到随处停泊的酒船。游人们带上茶点酒具,弄个担子挑着,沿湖寻找等客的空船。这样的行头在《浮生六记》中沈复曾经描写过,说他打算与朋友春天去郊外赏油菜花,为周边找不到酒家而发愁。妻子芸娘给他出主意,去雇了个馄饨担子,一头放上炉子,一头放上食物和酒,完美地促成了这件雅事。扬州人游湖所带的行头与沈复大概差不多。

之所以要自带酒具茶点,是因为一般画舫游船上是没有这些东西的,只有一两个船娘船夫。自带自做自吃还有情趣,还经济实惠,与今人喜欢野炊趣味一样。没有准备,仓促而来,就享受不到船上饮宴的乐趣吗?当然不是,因为湖上有流动的厨房——沙飞船。沙飞船是江南一带很常见的一种快船,常出现在画舫周围,专为游人提供湖上的饮食酒浆。当然游人也可以自己约了沙飞船,带上自己的厨师来游湖。春秋佳日,湖上最常见的场景就是一只画舫后面跟着一只沙飞船,随处息止,橹篙相应,炊烟袅袅。在清朝,以这样的船宴招待客人,已经成了风俗,而对于生意场与官场,更似乎成为一种礼节。

富贵人家游湖的派头不同于寻常百姓。他们往往是大船载酒,船很气派,"穹篷六柱,旁翼栏楯,如亭榭然"。好像是把陆地上的亭榭搬来了船上。船也不是一艘,常常好几艘船排成一队行进在湖上。船过红桥以后,湖面开阔起来,这些船的队形就变成并排前进了,多的时候,三船并排,船上宾客喧闹,远远望去好似排山驾海而来。

这样的画舫船宴也有旺季与淡季之分的。春天有梅花、桃花两市,夏天有牡丹、芍药、荷花三市,秋天有桂花、芙蓉两市,这些是最旺的。此外,正月里还有财神会市,三月里有清明市,五月里有龙船市,六月里有观音香市,七月有盂兰盆市,九月有重阳市。逢到这样的旺季,湖上的游人很多,船钱往往要翻上几倍。

湖上船宴的乐趣当然不止于饮酒、赋诗、看风景,常见的娱乐项目还有赌博,品种有牙牌、叶格、围棋等。牙牌也叫骨牌,古人说:"马吊则士夫所尚,骨牌则闺阁为多。"扬州画舫分为堂客、官客,堂客是女人,官客是男人,所以牙牌应该是堂客船上经常进行的游戏。叶格有多种,其中可能有叶子戏,也叫升官图。历来升官发财是男人的事业,所以这个应是官客船上的游戏。扬州画舫上最流行的叶格是马吊,也就是后来麻将的前身。最文雅的当数围棋,清代扬州棋风很盛,最著名的围棋国手都曾寓居扬州,也常常参加画舫上的赌棋。

其实下棋的国手们一般不赌,赌的是那些围观的人。除了画舫、酒船之外,湖上还有歌船供人们饮宴时取乐。歌船的音乐以清唱为最上等,还有其他的一些小戏、锣鼓、丝竹,著名的扬州评话也是歌船上经常表演的内容。

李斗曾在一篇游记中记载了他所经历的船宴,完全就是一场全方位的休闲活动,文章不长,抄录如下:"辛卯七月朔,越六日乙巳,客有邀余湖上者。酒一瓮、米五斗、铛三足、灯二十有六、挂棋一局、洞箫一品、篙两手。客与舟子二十有二人,共一舟,放乎中流。有倚槛而坐者,有俯视流水者,有茗战者,有对弈者,有从旁而谛视者,有怜其技之不工而为之指画者,有捻须而浩叹者,有讼成败于局外者。于是一局甫终,一局又起,颠倒得失,转相战斗。有脱足者,有歌者、和者,有顾盼指点者,有隔座目语者,有隔舟相呼应者,纵横位次,席不暇暖。是时舟入绿杨湾,行且住,舍而具食。食讫,客病其嚣,戒弈,亦不游,共坐涵虚阁各言故事。人心方静,词锋顿起……不觉永日易尽。是时夕阳晚红,烟出景暮,遂饮阁中。酒三巡,或拇战,或独酌,或歌或饭,听客之所为。酒酣耳热,箫声于于……"扬州人船宴的娱乐项目除赌博和招伎,其余的在李斗的这次游湖中基本上都出现了。除了瘦西湖以外,在小迎恩河、漕河、古运河、小秦淮河等处也有酒船留连,船宴情况大致相同,只是不像湖上那么喧闹。

## 三、清代扬州的食肆

### ◎酒家临水复临桥

最有意趣的酒店往往开在风景秀美的地方。在扬州,这些地方就是小秦淮河、大虹桥直到平山堂一带,从唐宋到现在一直都是扬州城最繁华的佳丽之地,明清时更是一个大花园。每年春秋佳期,游人如织,酒船画舫舷并橹接,如此人气,当然是开酒家的好去处。

大虹桥附近的酒家是被酒客诗人念叨得最多的,在清代比较有名的酒肆有醉白园、野园、冶春社、七贤居、且停车等等。这些酒肆大多数规模有限,办不得大餐,只是供游人们在这里小酌。醉白园是其中比较大的一家,原来这里有一个叫韩醉白的人在莲花埂上建了个园子,好多游人常到他家中饮宴,大家称他这个园子叫"韩园",在这一带的名气较大。这种经营方式与今天的私房菜有点类似,现在的扬州靠近郊区的一些地方又开始出现这样的餐馆。韩醉白大概是清初扬州的名人,与王士禛同时,常与诗人们往来饮宴。诗人孙枝蔚曾与韩醉白在红桥酒家饮酒赋诗,诗中写道:"卫娘歌处宜年少,潘岳花边愧老翁。听罢韩郎新柳咏,英姿矫矫酒人中。"看来当年的韩醉白是一个美男子,对文人的诗酒游戏是相当熟练的。后来韩醉白死了,附近开饭店的人于是借用他的名声开了一家醉白园酒肆。醉白园的经营者还是非常有头脑的,他不光是借了韩醉白的名头,饭店的选址也极佳。正门在北门街上,后门则朝向小迎恩河,而这条河是一条画舫往来的通道,所以醉白园既做了北门街上的行人的生意,也做了画舫上的游客的生意。

绝大多数画舫上是没有厨房的,只能靠沙飞船来供应船菜。当游人不想吃船菜的时候,就会找醉白园这样的酒家。因为这样的酒家一般在城郊,所以这种饮食被称为"野食"。在瘦西湖附近,有名的野食去处,除了醉白园外,还有流觞、留饮、青莲社、留步、听箫馆、苏式小饮、郭汉章馆等。苏式小饮如其名,店面不大,门面三楹,中藏小屋三楹,南窗下数丛梅花。透过梅丛,可以见到湖对面的景色。旁边还有十几间子舍,也都清洁有致。

此外,靠近城郊的一些市区的酒肆也是人们常去的地方。在北城有一家扑缸春酒肆,店在城内,却尽占湖光山色,所售食品也以鲜鱼鲜笋为主,游人归城,常在这里聚饮纵谈。这些酒肆不仅为游人提供了休闲之地,也为一些小贩提供了谋生的场所。有一个北方人叫王蕙芳,他每天清晨挑着大柳筐,筐内装着各色果品,先到苏式小饮去卖,然后再去其他的酒肆,最后还有剩下来的就拿到瘦西湖的长堤上去卖。这个老板日子显然过得很愉快,还自称"果子王"呢。他有一个儿子叫八哥儿,子承父业,卖的是槟榔,一天下来可以挣几百钱。

清代扬州虽称繁盛,但建筑物不会太高,也没有今天的密度,所以那些临水的酒肆往往风景如画。李斗描述秀野园酒肆的景致:"对岸为扫垢山,春暖

临水的酒家

莺飞,禽声杂出,湖外黄花烂漫,千顷一色。"如此美景,怎不令人留连。

今天的扬州也还有些临水的饭店。五台山大桥下有观邸饭店,其建筑是仿的原来扬州面粉厂的厂房,旧扬州面粉厂厂房就在它的南面。两座建筑之间有古运河水上游览线的码头。夏日傍晚,门前常有很多来此纳凉的人。冶春茶社所在的花园里,旧有的园林建筑拆除后,建了好几家饭店,也都能借得水光云影。在其西,还是沿小秦淮河,也有一家冶春茶社,虽然地势局促些,但它的西邻是扬州人很爱去逛逛的花鸟市场。扬州西区的引潮河风光带里,也有几家精洁雅致的饭店,距闹市只一转身,极有林泉气息。

◎ **私家园林中的食坊**

园林食坊有两类,其一是私家园林中的食坊,其二是公共园林中的食坊。私家园林在扬州园林中占了大多数。在这些园林的鼎盛时期,园中的宴集大多是私密性的,不是每个人都可以进去用餐。公共园林大部分没有制作饮食的功能,但如平山堂这样的地方,还是有很多人去那里进行饮宴活动的,可能在当时会有一些临时的厨房。

李斗在《扬州画舫录》中说瘦西湖上"每一园必作深堂,饬庖寝以供岁时宴游",还特别举了"妙远堂"的例子,说这里是一个专门接待游客的地方。这妙远堂是漪红园中的一处建筑,乾隆巡幸扬州时曾在这里用过膳。这里适合饮宴的当然不止妙远堂,从妙远堂循水路往涵碧楼,楼旁有小屋,屋中安放了几张石几榻,冬天时铺上貂裘鼠绒,摆上火锅,几个人围炉斗酒,很有些逸趣。

由于这种私密性,参与的食客身份也有些特别。孙点在《红桥园亭宴集》诗中写道:"小伎能分韵,山僧亦举杯。""伎"就是"妓",是人们常说的扬州美女。本来在文人的饮宴活动中,她们是必不可少的点缀,僧人也是文人们非常喜欢结交的对象,但把两者安排在一个场合,伎者吟诗的风雅与僧人举杯的随缘,其中的妙趣往往有不可言处。这种僧、伎与名士同席宴饮的情况不是扬州所独有。明末张岱在西湖边与友人雅集时,也是名伎与高僧同席的。

在老扬州城南大树巷附近,有一家"固乐园",本是总商余晟瑞家的园子,闲着无用,于是出租了开戏园,戏园仿的北京的模式。清时的戏馆多是茶馆、面馆与戏台的结合体,所以这个固乐园也是一家园林食坊。据林苏门《邗江三百吟》说,固乐园开业时间是嘉庆十三年三月。固乐园的模式在扬州一下子打响了名声,所以这年的五月,扬州大东门内的胜春酒楼改成了阳春茶社,也是一家戏园子。同年六月,一家岑姓废园被人拿来开了一家"丰乐园",园中景色雅致,而且空间很宽大,生意也是极好的。

清初,在知府金镇重修平山堂之后,一时文人宴集不断。扬州名士汪懋麟又在后面建了真赏楼,楼成之后,常在此与诗友们赋诗、避暑、登高。这里也就顺理成章地成为扬州人的一处饮宴场所。汪懋麟的文友金敬敷在诗中说这里"宾客寻常满四筵",可见人气之盛。既然宾客常满,当然会有专伺饮食之地了。

现代扬州园林中也还有一些食坊。瘦西湖公园里的法海寺素菜馆是一处。法海寺素菜馆在清末时名气极大,如今寺院整修,应当会有新面目出现在游人眼前。小金山一带曾是湖心律寺,寺中僧厨擅烹猪头,如今只余了琴室、月观供游客品茶小憩。小盘谷是晚清重臣周馥的故宅。1949年后,这里一度作为招待所,后封闭多年。现在这里经过整修,已经向社会开放。与旧园不同的是,新建的小盘谷中多了一处餐厅,是处绿树掩映,四时风光入眼。

### ◎ 平民的美食坊

旧扬州的小东门街集中了不少小商贩,是一处典型的平民美食街。这条街的小东门码头上有一家卖熟羊肉的小店,生意很好,很多食客一大早赶去吃羊杂碎,这样的店自然不会是有钱人经常光顾的地方。这条街上食肆生意好不光是因为食物做得地道,还因为小东门外的城脚下没有饮食的店铺,来往的人流只能到这里来解决吃饭问题。而当时小东门靠近钞关(旧时收税的地方),周围还有其他一些商业街,比如专营绸缎布匹的多子街,所以这里是个人来人往的热闹地区。

小东门街的食店好多是很有特色的,前面说的那家羊杂碎店是一家,还有一家星货铺,所卖的东西号称"小八珍",其实就是一些特别清鲜的原料,春夏季有燕笋、牙笋、香椿、早韭、雷菌、莴苣,秋冬季有毛豆、芹菜、茭白、萝卜、冬笋、腌菜,水产有鲜虾、螺蛳、熏鱼,牲畜有冻蹄、板鸭、鸡炸、熏鸡,酒有冰糖三花酒、史国公酒、老虎油酒,还有各种腌渍食品。他们所卖的东西远不止八种,之所以称"小八珍",是标榜自己所售食品的档次。"八珍"之名来自周代的宫廷饮食,是那个时代顶级美食的代名词。这家的"小八珍"不仅受到普通平民的喜爱,也是那些商贾人家的常供。

大东门也是一处食肆集中的地方,这里有一家"如意馆"很有特色。"如意馆"在大东门钓桥附近,是一家面馆。食肆的前一进是平房,进门向里走要沿着梯子下去,也就是说这家食肆的主要部分在桥下沿河的地方。这家店的消费不高,一桌酒席只要二钱四分银子,在这里喝酒计价以醉为度,称为"包醉"。这么一个便宜、随和的食肆当然是普通百姓的买醉场所了。"如意馆"的跑堂也很有特色,叫周大脚,体丰性妒,好赌好胜。本来是卖猪肚子的,还小有点名气,中年以后才来"如意馆"跑堂的,估计是把生意本钱给输掉了。周大脚在他的朋友圈子里以豪侠闻名,这给"如意馆"带来了一些客人。

这几家饮食店都被清代的李斗收入他所著的《扬州画舫录》一书中,那羊肉店和星货铺都没能留下店名,这一点也说明了它们的平民色彩。但是,若因此就以为这一类的饮食店都与扬州的雅文化搭不上边，那就错了。在城南有一家姓杨的屠夫开的烤肉店名叫"知己食"，店名大概来自"人莫不饮食，鲜有知味者"这句老话。把知味而来的食客引为知己，很显然这不是一个屠夫的思维，大概是哪个落魄文人给起的。"知己食"的名气不小，不光是因为肉烤得好、名字起得好，店里的匾额也好。匾额上写着四个大字"丝竹何如"，引来了众多的解读。一说：音乐中有"丝不如竹，竹不如肉"的说法，当为此意；一说：是《兰亭序》里虽无丝竹管弦之盛的意思，说的是烤肉就酒吟诗作对的乐趣。这样有意趣的题匾自然也不会出自一个屠夫老板的手笔，但是在扬州的文化里浸润久了，这位老板已经可以理解、欣赏这种趣味，并拿来招徕生意了。

大东门桥外有一家素食肆的店名也很文气的，叫"申申如"，出自《论语》："子之燕居，申申如也，夭夭如也。"原文说孔子平时在家的时候，总是很放松、愉悦的。孔子曾说过吃饭的时候"席不正不坐，割不正不食"，那是在很正式的场所，平时在家就比较放松了。店名"申申如"，就是告诉客人在这里吃饭很舒服，没什么拘束。

彩衣街上的"杨森和火腿店"相当有名。店主姓杨，兄弟五人，合力经营。每年从这里销往外地的火腿数以万计。中国产火腿有名的地方有浙江金华、江苏如皋、云南宣威，火腿销售的市场差不

彩衣街的雕花门楼见证了当年的繁华

多是被这几个地方瓜分了。"杨森和"火腿在这样的环境里能分得一杯羹,可见质量之优。"杨森和"火腿的店堂零售也可圈可点,伙计在切片时将所有筋络都剔除干净,入口无滓;伙计的刀工也好,厚薄均匀,运刀如飞。除了火腿,这里还制作"黡鲶鱼",与火腿齐名。鲶鱼是黄颡鱼,也有说杨森和卖的是脆长鱼,用黄鳝做的,两个菜名的发音一样,莫知谁是。

同治年间,在琼花观街西,有一个卖熏烧肉的摊子,生意特别红火,人们争传此处的熏烧肉之味美。摊主是一个年轻美貌的女子,外号"小红娘",传说她是太平军某王的一个小妾,因故流落于扬州的。这使得她的熏烧肉更多了一层神秘传奇的色彩。

### ◎ 扬州面馆数"大连"

在诸般食肆中面馆的风头最劲,清代扬州好多食肆都冠以面馆的名字。扬州面馆所售卖的白汤面最有名,因最初的经营者是徽州人,所以称"徽面"。林苏门在《邗江三百吟·三鲜大连》诗中写道:"不托丝丝软似绵,羹汤煮就合腥鲜。尝来巨碗君休诧,七绝应输此盎然。""不托"是面条的古称,"七绝"说的是古代金陵的七种美食"建康七妙"中的萧家馄饨。"徽面"落户扬州以后,本地人也逐渐有卖徽面的。待扬州衰落,这里所有卖徽面的就都是本地人了。徽面本土化以后,一般被称作"煨面",也叫连面。

连面的名称有点怪,今天的人很难理解。《随园食单》中记载了扬州面条的制作特点:"以小刀截面成条,微宽,则裙带面。大概作面总以汤多为佳,在碗中望不见面为妙。宁使食毕再加,以便引人入胜。此法扬州盛行,恰甚有道理。"按此说法,扬州的面条多是宽汤面,面条需在汤中煮一会儿。这样的面在北方称"连汤面"。连汤面做得好的是山西人。山西人向来面食做得好,明朝扬州商人的主体是晋商,他们很有可能把家乡的面条传来了扬州。徽州人在扬州卖的徽面与山西人卖的连汤面应有相似之处,都有"汤宽面少"的特点,因此扬州人也称其为"连汤面",简称"连面"。连面有大连、中碗、重二等三种规格,"大连"是其中最有名的。

"大连"是大碗连汤面的简称,碗大如盆,初次见到的人都会有点吃惊:

那样一大碗面怎么吃得下呢？真的捧起碗来吃的时候，滋味鲜香醇厚，不知不觉间一大碗面已经吃完了。清代乾嘉时期，因为"大连"面的人气爆棚，扬州市上最热门的食肆都是面馆。

因为面馆生意好，引来了众多的投资者。有一个徽州人本来是在扬州卖松毛包子的，后来又仿制了严镇街的没骨鱼面。他的没骨鱼面是用鲭鱼做的，于是又把原来的店名"徽包店"改成了"合鲭"。他的这个新产品不仅引得食客盈门，也引来了不少仿制者，其中最有名的是槐叶楼面馆的火腿面。还有更舍得下本钱的人甚至花巨资买下那些官商的大宅院来开面馆，这样的面馆就不是一般人可以消费的了。面馆里楼台亭榭、水石花树争奇斗艳，面条品种有"鳇鱼大连""蛑螯大连""班鱼大连""羊肉大连"。鳇鱼是鲟鳇鱼，班鱼是一种小河豚，现在也都是非常昂贵的席上珍味。一碗大连大约相当于中等人家一天的生活费用。此类面馆著名的有涌翠、碧芗泉、槐月楼、双松圃、胜春楼。

"大连面"一般是冬季卖的最好，因为天冷嘛，一碗热腾腾的汤面很能暖身的。夏天，面馆里常卖的是"过桥面"。过桥面的汤只有大连的一半，但比大连面多个浇头，常见的是长鱼、鸡、猪三种原料做的三鲜浇头。这种浇头不跟面盛在一个碗里，另用一个盘盛上。客人吃的时候可以把浇头当菜，也可以吃了一半时把浇头与面混在一起，也有客人把面吃了，将浇头打包带回家的。这样的吃法在清代称为"过桥"。清代扬州著名的中档面馆有大东门的如意馆、席珍；小东门的玉麟、桥园；西门的方鲜、林店；其他还有缺口门的杏春楼、三祝庵的黄毛、教场的常楼等等。富春茶社、共和春等店也卖各种面条。

教场是一处食肆聚集的商业街，这里有很多有名的面馆。左宗棠没有发迹时曾来扬州，在这里尝了左家面铺的面条，觉得美味无比，常常对身边人说起，说的时候没准还为老板与他同姓而有些兴奋。后来他任两江总督，到扬州阅兵，地方接待人员向随从打听他的喜好，随从们说："左公曾说过扬州的左面非常不错。"当时的扬州面馆如林，可是找来找去也找不到左家面铺，没办法，只好让厨师冒名做了给左宗棠吃。左宗棠一吃就知是假，但聊胜于无了，

扬州教场今貌

也常让厨师做,厨师用很多鸡汤来煮,但始终没做出理想中的味道来。左宗棠总督两江时,在扬州检阅部队,给士兵们的奖赏就是每人两碗鸡汤煮的"左家面",说:"古代良将常与士卒同甘共苦,各位跟随我多年,备尝艰苦。这左家面是我最喜欢吃的,怎么能不与大家共享呢!"从此以后,外地来扬州的人,一定要尝一尝左面,面馆也因此赚取了多出往常三倍的利润。

如意馆最初只有一间很小的门面,产品也少,只有单面与饺面。后来随着生意兴隆,品种也多起来,一度成为扬州花色点心最多的面馆,店面自然也跟着扩大了,还增设了楼上雅座。虽然品种丰富了,但如意馆主打的品种还是面条,比较有特色的是各色煨面,热气腾腾的砂锅煨面在冬天是非常有吸引力的。教场面馆寿命最长的可能是乐今园,一直到上世纪90年代还在营业,而且生意也不错,后来不知何故歇业了。我曾在这里用煨面招待过远方的客人。自从乐今园歇业后,扬州就很难找到煨面的踪迹了。

民国时最排场的面馆是东关街上的金桂园。它坐北朝南,铺门三大间,迎街放了五口大锅,每天早晨热气腾腾。它的排场当然不止是门面大、面锅多。金桂园确是扬州面馆中最宽敞的,但排场的是它的里面有几个厅是楠木厅。有多少面馆是开在楠木厅里的呢？又有多少人可以在楠木厅里买一碗面吃？现在不会有了。

◎ **消魂三字惜馀春**

"惜馀春"是清末至民国初年扬州极有名、极有韵味的一家酒肆。酒肆主人高乃超是福建人，驼背，人称"高驼子"。

惜馀春以小吃闻名，有卤鸡、卤鸭、卤肫肝、拌糟虾、醋溜变蛋、大椒酱、口蘑锅巴、醋溜鲫鱼、稀米粥、八宝饭、千层油糕、翡翠烧卖、水晶包子、煎烧卖、炒面、五丁卤面等。说是小吃，其实当中有卤菜、有炒菜，还有粥有饭有点心，这些食物大概是凑不成一桌正规筵席的，但是如今扬州名菜中的诸多品种都曾经出现在惜馀春的菜单上。如醋溜鲫鱼与现在的醋溜鳜鱼就是差不多的菜，鳜鱼价高，鲫鱼价廉，对惜馀春这样的小店来说，当然是要选鲫鱼的。还有扬州面点中的千层油糕、翡翠烧卖，也是惜馀春很受欢迎的品种。据杜召棠先生的《惜馀春轶事》说，扬州的千层油糕与小笼点心还是高乃超

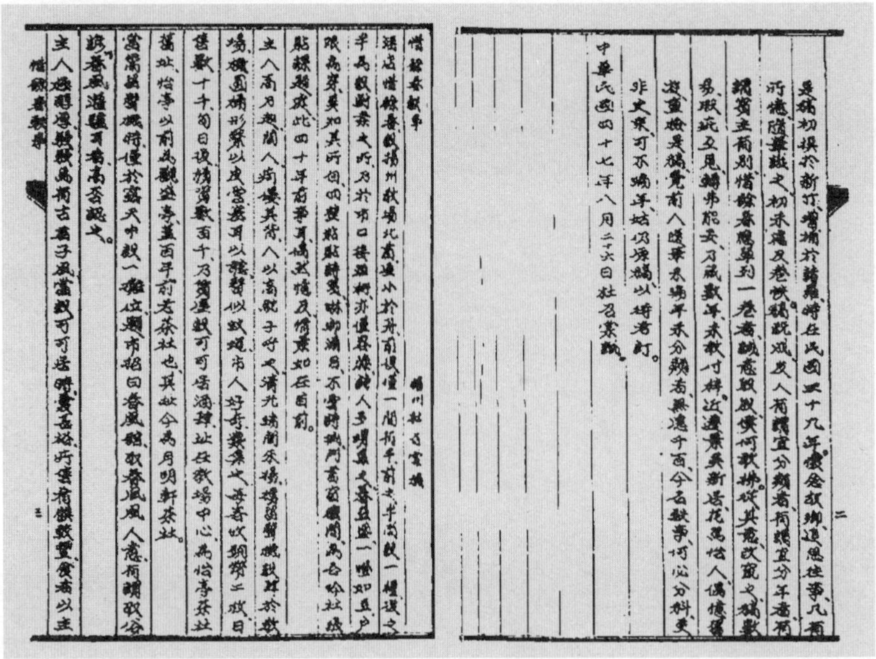

《惜馀春轶事》书影

创作出来的。

惜馀春之有名当然不是因为食物精美，而是因为这里聚集了旧扬州最后一批风雅的文人，这里是扬州冶春后社的一个聚会点。冶春后社是一个诗人团体，清同治四年的进士臧宜孙慕先贤风雅，发起成立了冶春后社，高乃超也是社中一员。每到文人相聚时，"斗室灯昏、纵谈狂笑，必至夜深始去"。而扬州附近的仙女镇、邵伯镇、公道桥的那些诗人，只要来扬州，也以去惜馀春为乐。冶春后社聚集了一大批扬州的文化名人，这些人将惜馀春的名气通过诗文传到了大江南北，以至于很多人到扬州来一定要去看一下这间小酒肆。除了杜召棠的《惜馀春轶事》，在徐珂的《清稗类抄》、郑逸梅的《艺林散叶》、洪为法的《扬州续梦》等书中都记载了惜馀春的事迹，其他的怀念惜馀春的文章更多。

惜馀春的座上客中有一些是很有意思的。有一个叫刘大令的人，从来独来独往，来了之后，点上几个菜，但是滴酒不沾唇。如果有人一定要他喝两杯，刘大令竟会拂袖而去。还有一个只喝酒不吃饭菜的，姓陆。每次来，一壶浊酒，且饮且谈，谈兴完了，酒兴完了，就拍拍屁股回家，人称"陆神仙"。还有两位方外之士也是惜馀春的常客。一位是赞化宫的住持，赞化宫是天师道一派，向来不禁酒肉，所以无所顾忌；另一位是和尚，他喜欢吃惜馀春隔壁小七家的牛肉汤、牛肉锅贴，还喜欢吃月明轩的猪肉包子。酒保胡三善解人意，看到这二位来，安排入座，附耳上去听他们点菜完毕，然后高声喊道："罗汉汤一碗、菩提包子四只、纯素锅贴一盘。"边上客人无不偷笑，但是绝不会有人拿他们开玩笑。

高乃超经营惜馀春时经常赊账于人，收不回来时也不好意思去要。1930—1931年之间，惜馀春终于歇业。当年惜馀春开业的时候，臧宜孙为其写了笔力古茂的隶书市招"惜馀春"，柜台上还有一块吉亮工写的"人生行乐"漆牌。后来臧宜孙写了一首《惜馀春题壁》贴在惜馀春的墙上，诗云："三间矮屋且容身，除却驼翁俗了人。写上青帘太凄绝，销魂三字惜馀春。"诗如谶语，惜馀春果然开不长，而惜馀春之后，明清扬州辉煌饮食的最后一缕光也暗了下去。

# 四、近现代扬州餐饮

## ◎富春茶社与陈步云

富春茶社位于扬州国庆路上,是扬州饮食文化与饮食产业的一个品牌。来扬州寻找美食或美食文化都不能不去富春。

富春茶社是清末才出现在扬州的,大约成立于1885年前后,起初是富春花局,老板陈霭亭。花局是扬州明清时期比较常见的一类休闲场所,以种花、养盆景为业,当游人多的时候,也会置办一些茶水酒食供客。富春花局也是这样的一个地方。1910年,陈霭亭去世,其子陈步云继承父业,继续经营。民国初年,在扬州商会会长周谷人的支持下,陈步云将花局改成了茶社。一开始叫"藏春坞茶社",又更名为"借园俱乐部",最后定名为"富春茶社"。

富春茶社开始的时候以接待盐商士绅与文人名流为主,经营的内容比较单一,除了供客人们赏花、吟诗,也就是备一些茶点。扬州人的习惯,饮茶总是要备些点心的。所以,陈步云也就请来点心师傅,做些点心茶食之类。

陈步云在经营上是个有心人。对他来说,富春茶社不仅是用来挣钱养家的,也是他兴趣所在。所谓知之者不如好之者,好之者不如乐之者。陈步云在富春的经营上花了很多的心思,大概说来有两个方面:其一是饮食质量,其二是服务质量。

陈步云根据扬州人饮茶的口味特点,拼配出了著名的"魁龙珠"茶。这是中国茶业生产中的一个创举,开了中国不同品

富春茶社

种茶叶拼配的一个先例。关于魁龙珠，唐鲁孙先生在《扬州的富春花局》中写道："富春的茶叶，是富春老板亲手调制的，用六七种茗茶麇杂而成，以辕门桥景吉泰的绿茶为主体，其余几种是分别从几家茶庄买来，而后取不同分量兑合成的。"吴白匋先生在《我所知道的富春茶社》中写道："先从茶说起，服务员每天用锡制的小圆杯作为量具，把三种茶叶，即浙江龙井、湖南湘潭魁针和扬州的珠兰茶混合窨制一壶。"可见，在拼配魁龙珠的过程当中，陈步云是亲历亲为的。一开始的时候，是多种茶叶配在一起的，后来才确定用龙井、魁针和富春花园正常莳养的珠兰。配制的时候，不同茶叶的重量都是精确称量的，珠兰的采花时间、窨制程序也都有严格要求。这保证了魁龙珠茶的品质。后来，在回忆魁龙珠的研究过程时，陈步云先生说，这是和那些老茶客们共同研究的成果。每次有了新的配方，都请那些老茶客们品尝、挑毛病，几经斟酌，才定下了现在的魁龙珠的配方。

对于茶食点心及菜肴，陈步云不是很在行，但是他肯学。他见惜馀春座客常满，于是就经常去那里留连，看它为什么生意那么好。他尝遍了惜馀春的饮食，回去后加以改进精制。当时惜馀春的各种小菜非常有名，尤其是店主高乃超做的千层油糕、小笼点心，是扬州其他茶肆面馆所没有的。可以说，在点心上，富春茶社几乎全面继承了惜馀春的优点，并将其发扬光大。富春茶社有一位叫"黄大麻子"的点心师傅对千层油糕与翡翠烧卖加以改进，大受顾客欢迎，从那个时候至今，就一直是富春茶社的名点。后来，富春茶社即以点心著名，扬州有名的点心师傅大都与富春有着千丝万缕的联系。惜馀春歇业后，富春茶社的点心更是独步扬州了，著名的品种还有三丁包子、双麻酥饼、蟹黄汤包、雪笋包子、野鸭菜包。富

富春包子

春点心是有口皆碑的。南通名士田子修常往来扬州、南京之间,他因有胃病,不吃米饭,喜面食,对富春点心情有独钟。扬州的杜召棠先生每次回扬州,都要带上一些给他。此事与清代袁枚托人到仪征买"萧美人点心"的故事可以并提。

当然,富春茶社的名气不全是因为点心的精美。对于茶社里所用的物件,从筷子、盆盘到桌凳、手巾,都务求洁净,一天要洗好几次。可见对于服务质量,陈步云是一点也不马虎的。他也不把自己放在高高在上的位置,每日营业时,他常站在门口迎客,每进来一位客人,都要给客人鞠一个躬。1949年后,富春茶社成为扬州饮食业的一块金字招牌,众多名厨从这里走进人们的视野,这些都是得益于陈步云的遗泽。

富春茶社的有名,不仅跟陈步云的茶点有关,也跟他结识的那些朋友有关。当时惜馀春的座上客,都是扬州乃至周边地区的一些文化精英,陈步云常去与他们盘桓,也增加了自己的知名度。从来没有人把他当成一个饭店老板。在那个社交圈子里,他是一个风雅的文化人。茶道饮食与花艺一样,都是他风雅的有机组成部分。七十岁时,他在扬州广储门安家巷买下刘桂年的约园遗址种花,还常在这里招待白首老友。

1956年后,富春茶社公私合营,走上了新的发展道路。在近十几年里,富春茶社不仅是传统扬州细点的形象代表,也逐渐地走上了工业化的发展道路,富春的速冻包子卖到了日本、香港、美国。2005年12月13日,富春食品有限公司生产的十个品种二十五万只速冻包子成功进入美国纽约市场,完全实现了不贴牌、不拼箱,以"富春"品牌直接进入美国市场,这在扬州市餐饮业属第一次。

◎ **传统名店**

菜根香创始于清朝末年,原来是一个位于新胜街的小吃店,早晨供应馒头稀饭,中午供应一菜一汤的快餐,后来发展成为各种扬州炒饭。网络上可以搜索到很多人写的去菜根香吃扬州炒饭的文章。再后来,菜根香经历了转租、合股,以及公私合营,店面规模日益扩大,扬州名厨李魁南(后为北京饭店厨师长）、丁万谷、王春林、郭耀庭等人先后在此掌厨。在这些名厨的调理下，菜根香成为了扬州著名的饭店。现在扬州的老一辈名厨大半出自该店。人说菜根香是扬州名厨最大的摇篮，此言不虚。菜根香的名字来源于"嚼得菜根，百事可作"。做好一件事，一定要耐得住寂寞，从小吃摊做成餐饮名店，菜根香就是在这样的思想中成长起来的。

1949 年后，菜根香从新胜街迁到了国庆路，与富春茶社相距不远。新店有四个大门，楼上有四间雅座，可以同时承办六十多桌筵席。传统名菜有醋熘鳜鱼、芙蓉鱼片、将军过桥，以及当初菜根香赖以成名的各式蛋炒饭：清炒蛋炒饭、桂花蛋炒饭、月牙蛋炒饭、火腿蛋炒饭、三鲜蛋炒饭、什锦蛋炒饭、虾仁蛋炒饭等等。

现在的菜根香面貌与以前又不相同了，门面整修一新，内部结构也重新调整过。在经营内容上，除了原有的淮扬菜外，也吸收了一些外来的饮食，如

菜根香

共和春

麻辣烫等。

共和春始建于 1930 年, 原名"共和春饺面店", 以虾籽饺面闻名。所谓饺面, 其实面中没有饺子, 倒是有小馄饨, 淮阴人将馄饨称为淮饺, 这小小饺面也体现了淮扬两地饮食文化的交流。共和春的创始人是一个叫王学成的跳面工人。所谓跳面也可算是扬州一绝了, 压面条的工人是坐在一根粗粗的擀面杖上, 一下一下地压面团, 看起来好像是边跳边压的, 所以叫跳面。现在扬州还有卖跳面的, 但那多数是用机器压的, 只有个名儿了。

共和春所处位置是扬州的闹市区, 竞争激烈, 跳面工人出身的王学成经营的策略却很简单, 两个字——"实诚"。他要求跳面工人一天只跳一包半面, 以免产量上去质量下降; 他要求虾籽都是伏天从高邮湖收来的, 收购以后只能在三伏天的太阳底下曝晒, 绝不准炒; 他要求馄饨一定要皮薄肉鲜, 从皮外可以看见肉馅的颜色。不仅如此, 其服务也很到位, 客人吃完面条, 结账走人时, 跑堂的还送上热毛巾给客人擦一把。

1985 年, 共和春饺面店改名为共和春酒家, 经营面积有 3000 多平方米。现在的共和春已经发展成为连锁店, 在扬州多处繁华市口开有门店。但在经营内容上, 还是以饺面小吃为主。除了传统的饺面外, 共和春的锅贴、麻团、糯米烧卖、青菜锅饼也都有很大的名气。

晚清时, 扬州名厨王钰发在扬州辕门桥西的多子街开了一家饭馆"景扬楼", 后由其子王少山掌门, 开业至今。"景扬楼"的名字, 出自"景以文传, 文以景扬", 从名称来看, 店主人虽是为谋利而开饭馆, 但在谋利之时还不忘传承文化。

在清末民初的众多菜馆中, "景扬楼"也只是很普通的一家。它的附近有得胜桥的富春茶社、串殿巷的颐园、三圈门的静乐园、东营的中华园、新胜街的四五六、左卫街的天凤园、犁头街的天兴馆,以及教场的春园、菜根香、月明轩、九如分座等等。在这样的环境中,能够生存下来,是需要一身本事的。除了经营有方之外,王钰发还有着御厨的背景,其先人据说在清宫里做过御厨,手艺极好。

但今天的景扬楼能够保持着它的名气,与新中国成立后景扬楼支援大西北有关。景扬楼派往西北兰州的厨师成为兰州景扬楼的主力军,而兰州景扬楼是当地餐馆中的金字招牌。所以,景扬楼也算是墙内开花墙外香了。

◎ **老宅新店**

清代扬州曾流行在盐商大宅里开面馆茶社,这是一种非常好的做法。"旧时王谢堂前燕,飞入寻常百姓家",在这种地方吃饭,不仅可以吃到扬州美食,还能够品味到世事沧桑,这才是扬州饮食应有的文化味道。

卢氏盐商老宅在清代扬州名园康山园附近,是晚清时规模较大的私人住宅。后因使用不当,引起大火,烧掉了一部分。现已经整修一新,成为人们感受盐商饮食的最佳场所。整修后的卢氏老宅以百宴厅闻名,其淮海厅、兰馨厅、涵碧厅、怡情楼,厅厅相连,厅堂阔大,可设宴百席,气派非凡。如今的卢宅,新推出的上、下午茶点,以卢氏菜谱中的蒸饺、汤包和五丁包等为主。乾隆

**卢氏盐商老宅的百宴厅**

南巡扬州时,曾对康山草堂非常赞赏,但之后不过数十年,康山园就易主进而荒废。卢氏老宅建成后不久,卢家便走上了下坡路。1949年后,被人民政府征用。如今,康山草堂已经无处可寻,卢氏旧居则成了百姓饮食的场所。

东关街的长乐客栈是晚清淮军将领李长乐的故居,现辟为宾馆。客在其中,所见都是古色古香、古韵古调。其中的餐饮曾是扬州高档筵席的代表,但已经和李长乐没什么文化关联了。长乐客栈斜对面的逸圃现也辟为饭店。逸圃是一个窄窄的花园,假山玲珑,居然有回环往复之感。逸圃现在由长乐客栈代管,大概一般的客人是不容易进去了。

逸圃,左侧有门,门内是小餐厅

小盘谷内的餐厅

丁家湾大树巷的小盘谷是晚清名臣周馥的故居。周馥曾任两江、两广总督,晚年来扬州管理盐政,小盘谷是他从徐姓盐商处买来准备养老的园子,但不久他又被朝廷起用,所以在园中住的时间并不长。1949年后,这里先后做过工厂和招待所。小盘谷的假山是扬州个园假山、何园片石山房之外最有名的,名为"九狮山"。清代扬州有两个"九狮山",小盘谷是其中之一。现在,这里整修一新,并在里面新建了一个餐厅和一间茶室。这里的餐厅以文化筵席为主,为人们复原扬州盐商精致风雅的饮食生活。

即使放在全国来看,小盘谷也是独特有个性的饮宴场所。一方面,是它的园林环境,使得人们身处古代士大夫的隐逸情境中;另一方面,小盘谷的饮食产品从菜单到餐具再到菜肴都是充满着古典意味的。再有,小盘谷的饮宴已经不再是人们常见的那种觥筹交错的喧闹场景。在饮宴的时候,有丝竹、有翰墨,俨然古代文宴的再现。

# 第五章　维扬茶肆甲天下

　　扬州在晚唐、北宋时期是江淮之间最重要的产茶区之一，所产蜀冈茶是江北第一名茶。中唐时，茶圣陆羽与茶道名人常伯熊曾游历于扬州，名声甚著。因他二人，扬州可算是全国较早接受茶道的地方。传说陆羽在扬州为湖州刺史李季卿品评天下宜茶泉水共二十品，而与陆羽同时的刘伯刍也曾品评过东南地区的泉水。此二人均对扬州的蜀冈泉水加以品题，这是中国文人评水之始，后遂蔚为风气。北宋中期之前，扬州蜀冈茶被列为贡茶，王禹偁、欧阳修、苏轼、晁补之等人曾亲历其盛。北宋灭亡后，扬州成为南宋与金、元对峙的前线。虽然南宋还在扬州设置发运使管理茶叶的运输与贸易，但扬州在茶业中的地位已非前代可比。扬州产茶在元明两朝都默默无闻，直至晚清时，扬州富春花局老板陈步云用浙江龙井、安徽魁针与扬州的珠兰花拼配出了"魁龙珠"，可称唐宋扬州茶业之余绪。也是在清朝，扬州茶肆在一片休闲氛围中异军突起，走在了全国茶肆的前头，并对广式早茶产生了较大影响。

# 一、地涌名泉茶比蒙顶

## ◎味比蒙顶蜀冈茶

南北朝时的青瓷耳杯

南朝青釉覆莲鸡首壶

中国茶的起源非常模糊,陆羽说的"茶发于神农氏,闻于鲁周公"都只是传说。大概来说,中国的饮茶文化源于巴蜀地区。在战国以前,由于巴蜀与其他地区相对比较隔绝,饮茶文化基本上不为外人所知。战国时期,秦国吞并了蜀国,饮茶习俗才逐渐流传开来。西汉时期,茶叶生产与饮用还主要流传在长江中上游地区,到三国至南北朝时传到了长江中下游地区。

扬州茶的起源也一样不是很清楚,在唐以前没有关于扬州产茶的记载,我们只能从历史的记载中推测出一个大概来。三国时,有明确的资料可以证明茶已经传到了武昌、长沙等地。那么,在吴国势力范围内且离政治中心建康不远的扬州,是否可能也有了茶的生产与消费呢?据史书记载,建安十八年,曹操攻濡须口不下,担心沿江郡县被东吴劫略,于是命令庐江、蕲春、九江、广陵等地十多万户人口迁往中原,以至于江淮之间数百里无人居住。在这种情况下,扬州很难有茶叶的生产与消费,即使有也形不成规模、形不成风俗。但是到南北朝时,扬州周边地区都已经有茶叶生产。据陆羽《茶经》所引南北朝时期的《淮阴图经》记载,扬州北面不远的山阳县南二十里有个地方叫"茶陂",从名称上看这应该是个产茶的地方,山阳即今天的淮安楚州。其他如安徽的八公山、江苏的南京(当时称扬州)、镇江等地都已经有茶叶的种植。处于产茶区当中的扬州很可能也开始了茶树种植。东晋名臣刘琨守并州时,曾写信让他的侄子南兖州刺史刘演给他寄茶叶,刘琨说:"我一直感到身体烦闷,只有吃了茶才会感觉好些。你上次给我寄来的茶叶不错,这次也给我再寄点来吧。"扬州在南北朝时称"南兖州",由此看来,扬州产茶及饮茶可能是在南北朝以前。茶是适合于温带气候的植物,在秦岭—淮河以北就很难看到茶树的身影了,节制江淮的扬州在很长时间里是最北端的产茶地区。到晚唐时期,扬州茶已经在全国范围内小有名气,与其他名茶一起,被录入五代时的重要著作《茶谱》中。

　　唐代杨晔在《膳夫经手录》中已经对扬州产茶有模糊的记载。他说当时从江夏向东,淮海之南都有茶叶生产与消费,这一范围当然包括扬州在内。五代时毛文锡在其所著《茶谱》中记载:"扬州禅智寺,隋之故宫,寺枕蜀冈。有茶园,其味甘香如蒙顶也。"这是关于扬州产茶地的最早的明确的记载,位置非常详细。蜀冈在现在的扬州城北,风景秀美。隋炀帝下扬州时,在蜀冈建了一座行宫,隋亡后舍为禅智寺,为唐代扬州著名寺院。蜀冈茶园就在禅智寺的附近。关于蜀冈之得名,有一种说法,认为这里与巴蜀地脉相连,所以有蜀冈之名。古人是否会因此认为地脉通蜀的蜀冈茶也具有蜀茶的品质呢? 蜀地从秦汉时期开始就是中国名茶的重要产地,唐朝时,出产有非常著名的蒙山茶,也叫蒙顶茶,是唐代的第一名茶。李肇在《唐国史补》中说:"剑南有蒙顶石花,或小方,或散芽,号为第一。"传说蒙山中峰顶上清峰有一位老和尚生了怕冷的慢性病,有一个老丈告诉他蒙山中峰顶上的春茶有神奇的功效,服用四两后,不仅可以消除疾病,还可以成仙。传说虽然荒诞,但可见当时人对于蒙顶

蜀冈茶园

茶的推崇。毛文锡是蜀人，他既认为扬州茶"甘香如蒙顶"，看来扬州蜀冈茶的品质确实不一般。更有意思的是，蜀冈上一处重要的茶园就叫"蒙谷"，或许这里所产茶叶品质最像蒙顶茶。

北宋时，蜀冈茶成为贡茶，正式进入到一流名茶的序列中。宋太宗至道元年（995），王禹偁被贬滁州，第二年改任扬州知州，在扬州任职一年左右。他在《茶园十二韵》中描写了当时扬州贡茶的生产情况："勤王修岁贡，晚驾过郊原。 蔽芾余千本，青葱共一园。牙新撑老叶，土软迸深根。舌小侔黄雀，毛狞摘绿猿。出蒸香更别，入焙火微温。采近桐华节，生无谷雨痕。"诗中所说的制茶方法是普通的蒸青法，与唐代制茶法一脉相承。诗中说："采近桐华节，生无谷雨痕。"不知"桐"指泡桐还是指梧桐。泡桐春天开花，若指泡桐，扬州蜀冈茶的采摘时间应为谷雨之前；梧桐春夏间开花，若指梧桐，那采茶的时间该是谷雨以后。北宋梅尧臣在《时会堂》诗中写道："今年太守采茶来，骤雨千门禁火开。"禁火是中国古代寒食节的风俗，"禁火开"应是指寒食以后。据此来看，王禹偁诗中的桐花应该是泡桐花了。宋代欧阳修任扬州太守时，为处理贡茶事务，在蜀冈上建了春贡亭、时会堂，成为当时扬州的人文胜迹。这应该是扬州茶叶生产史上最辉煌的时期，但这一时期实在是太短了。其后不久，晁补之到扬州时，蜀冈茶已经不再作为贡茶了。随着北宋的灭亡，扬州成为宋金对峙的前线，"自胡马窥江去后，废池乔木，犹厌言兵"，经济受到重创，蜀冈茶也从人们的视线中消失了。

其实蜀冈茶在成为贡茶的同时，就已经开始走下坡路了，主要原因是宋代气候的变化。据竺可桢的研究，宋朝的气温比唐朝要低2℃，这个温度对人来说可能感觉不是太明显，但对于茶叶生产来说，影响是非常大的。因为这2℃，茶叶发芽的时间推迟了，以至于春贡茶叶赶不上朝廷在寒食时的祭祀活动。唐朝的皇家茶厂——贡焙在顾渚山，今天的宜兴与湖州之间；宋朝的贡焙在建州的北苑，今天的福建武夷山中。也就是说，宋时扬州已经远离茶叶生产的中心了。还有一个原因，从晚唐五代时起，福建的团茶开始成为上流社会的主流茶品，其生产方法与饮用方法都与唐茶不同。扬州所产的依旧是沿习唐代的饼茶，虽然品质优越，位列贡茶，却不能进入茶文化的主流。再加上两宋间战争的影响，自南宋以后，扬州的茶叶生产就一直没能复兴。直到近现代，扬州才又重新恢复茶叶生产。目前的扬州茶场主要在仪征、平山等地，而平山堂后依旧是一片茶园，让今人可以怀想唐宋蜀冈茶的风韵。

近代扬州虽不产名茶，但扬州的茶人却用别处所产的名茶配制出自己的名茶——魁龙珠。这是用产于安徽的魁针、产于浙江杭州的龙井，再加上扬州的珠兰花一同窨制而成的拼配茶。自清末以后，魁龙珠就成为扬州人追捧的名茶。它有着龙井的味、魁针的色与珠兰的香，风味绝胜，远非一般的花茶可比。扬州人对它有特别的爱称，曰："一江水煎三省茶"，气魄很大。一般的拼配茶或者是用花与茶配，或者是同种茶的不同品级的拼配，像魁龙珠这样跨品种拼配且色香味俱佳的实属罕见，可当之无愧地称为"上品"。南方产茶地，人们大多数讲究喝清茶、绿茶，爱喝花茶的不多，而扬州人唯独中意魁龙珠，这一点也充分体现了扬州茶文化南北兼容的特点。

### ◎名泉风味今犹在

烹茶必先择水。古代茶人认为,用十分好的水泡五分好的茶,茶味可以达到八分好,而用五分好的水泡十分好的茶,茶的品质就只剩下五分了。中国虽然地域广阔,但适宜泡茶的好水却不太多,所以从唐以后,随着茶文化的发展,人们对于泡茶用水也越来越讲究,评定出许多天下名泉,扬州及其周边地区就有四处。

其一,蜀井。蜀井在禅智寺,与蜀冈茶伴生,应该是扬州最早的名泉。古代茶人认为,用当地水来泡当地茶是最佳的选择。如此看来,当年禅智寺的僧众应该是最有口福的了。禅智寺是隋之故宫,是一处风水绝佳的所在,寺中蜀井当年很可能是供应隋炀帝日常饮水的,水质好是当然的。直到北宋,蜀井还是扬州茶人点茶所必选水源,苏东坡在这里点茶时曾有诗曰:"禅窗丽午景,蜀井出冰雪。"以冰雪喻蜀井,其甘寒清轻可想而知。现在,禅智寺已经不见踪影,原址上建起了一所学校,建筑全无半点古意,但蜀井还在,井上有一个亭子,表明其古迹的身份,蜀井的附近都是民宅农田,早已经没有人种茶。

第五泉

其二,天下第五泉。天下第五泉在大明寺西园内。据唐代状元张又新的《煎茶水记》记载,唐代的刑部侍郎刘伯刍品评适宜烹茶的泉水,认为"扬子江南零水第一。无锡惠山寺石水第二。苏州虎丘寺石水第三。丹阳观音寺水第四。扬州大明寺水第五。吴淞江水第六。淮水最下第七。"刘伯刍所评泉水的所在地正是唐时东南地区的茶叶生产中心,他认为在这一区域内适宜烹茶的水当中,扬州大明寺的泉水可排到第五。自此以后,天下第五泉名声大振。陆羽对第五泉的水质评价更高一些。在《煎茶水记》这本书里,张又新收录了一份陆羽的评水记录,共二十处泉水,扬州大明寺的泉水被评为第十二。可能是第五泉比第十二泉好听些,以至于大多数人只知道这里有第五泉,不知道它同时也是第十二泉。第五泉在南宋以后一度湮没。明朝景泰年间,大明寺僧人沧溟在整理西园时重新发现这眼泉水。嘉靖中叶,巡盐御史徐九皋为之题"第五泉"三字,青石红字,字形丰腴壮丽,这眼泉水也被称为"下院井"。在下院井的西边是一汪池水,池中也有一眼泉水,是乾隆二年开凿山池时发现的。后来清代著名书法家,吏部官员王澍为之题"天下第五泉"。这眼泉据说是北宋苏东坡曾品题过的,但是据《扬州画舫录》记载,当年发现这眼泉的时候,在井底淘出了许多唐代的钱币,很可能这眼泉才是真正的第五泉。这两眼泉水水脉相通,水质应该是差不多的。第五泉至今仍水味甘美,而当年《煎茶水记》中所品题的那些泉水,大多已经不能饮用了。大明寺后就是平山茶场,如果用第五泉水来泡,是否会有唐朝风味?

其三,淮水。《煎茶水记》中所提到的淮水有两处,一是陆羽所品的"淮水源",在桐柏山中,这个与扬州没有关系;第二是刘伯刍所品的淮水,应当是指淮河水。当年的淮河水质非今日可比,清澈甘甜,属于优质泡茶水源,也是扬州茶客们用得较多的水。前面所说的蜀井与第五泉都是井泉,出水量有限,不能满足众多扬州茶客的需要,于是就有人去淮河运水,明清时期的扬州茶楼多有以此来招徕顾客者。古代一些茶人为了喝一杯茶常常老远地去运水,唐朝宰相李德裕就曾经从无锡将天下第二泉惠泉水运往京城,并专门设了一个机构叫"水递"。在扬州,水递曾一度发展成为一个行业。《广陵禁烟记》中对这一行业有记载:"扬州城东、南两片城墙是傍运河建筑的,共有便益、东关、徐凝、福运四个城门专作取水通道。全城有二百多辆水车,每天出城取水,供城中居民饮用。"长江潮水到达扬州城下，大约是上午十时与下午四时，水车每到此时便守候在运河边，潮水一到，当即汲取，此水扬州人便谓之"江水"，而不在涨潮时间，所取的水为河水就是淮河水。一般来说，江水要比河水贵，但到晚清及民国时期，沿江开发，小火轮往来不绝，江水也就逐渐被弃用，而淮河流域基本上没有被开发，水质还是比较好的。

其四，扬子江南零水。扬子江南零水是唐朝第一名泉，位于长江的江心，也称为中泠泉、中零泉、江心泉，与当时四川的蒙山茶并称为"扬子江心水，蒙山顶上茶"，是茶中双绝。唐代茶圣陆羽认为，江水以远离人烟的为好，人烟稠密的地方江水污染比较严重，水质较差。依此来看，江心的水质是最好的，而江心处底部的泉水当然是好上加好了。后来张又新在写《煎茶水记》时干脆借刘伯刍之口将扬子江的南零水评为第一。江底的泉水喷涌出来后与江水混在一起，在平常人看来是不分彼此的，唐代的茶人居然将其分析得相当透彻。由于长江干道的变动，当年的南零水已经不在江心了，现在镇江金山以西的石弹山下。

## ◎ 茶饮时尚天下先

扬州不是最早产茶的地方、不是最早饮茶的地方，蜀冈茶的名气也没有响到使国人趋之若鹜的地步，如何会有领天下风气之先的能力？其实也不奇怪，这首先要归功于大运河。由于运河的作用，扬州从唐朝时就已经成为转运东南的枢纽。盛唐时，中国政治、经济、文化的中心在中原地区，对于南方较少依赖。安史之乱以后，中原地区的经济遭到空前的破坏，朝廷的财政日益紧张，对于南方经济的依赖也日益增加。在唐文宗时期，开始对产于南方的竹、木、漆、茶征税，这是中国历史上第一次征收茶叶税。从此以后，茶日益成为国家的经济支柱。也正是由于这一历史变化，处于江淮枢纽的扬州日益成为东南重镇。东南地区从唐以后直至明清一直都是中国最重要的茶产地，影响远远超过其他产茶地区。运河把各地的茶叶与饮茶习俗带到扬州，巨量的茶叶也从这里转运全国，同时把扬州人的饮茶习俗带到了全国各地。中唐时期，邹、齐、沧、棣及京师地区的茶叶基本上都是从扬州运去的。

　　晚唐正是传统的饼茶与新兴的南方建州团茶交替的时候，而最先接受建州团茶的就是扬州一带。据《膳夫经手录》记载："建州大团，状类紫笋，又若今之大胶片。每一轴十片余。将取之，必以刀刮，其后能破。味极苦，唯广陵、山阳两地人好尚之，不知其所以然也，或云疗头痛。"在陆羽时期，人们对建州产茶的情况不甚了了，到杨晔写《膳夫经手录》的时候，建州茶还不是什么高档茶，质硬味苦，为时人所不取。但江淮间的广陵、山阳两地（今天的扬州与楚州）很流行喝建州茶，认为这种茶可以治疗头痛病。后来毛文锡在《茶谱》中也记载："建州方山之露芽及紫笋，片大极硬，须汤浸之，方可碾，治头痛，江东老人多味之。"唐代饼茶在饮用时要先用小火炙烤，再碾成粉末下锅煮，《茶谱》与《膳夫经手录》记载的建州茶却是要先用开水浸，然后才可以碾，可见饮法比较另类。广陵与山阳两地很可能是由于建州茶的药用价值才饮用的。

扬州博物馆藏南唐的
绿釉长流执壶，用于点茶

扬州博物馆藏宋代
点茶用的黑釉茶碗

　　由于运河的原因，扬州人可以接触到唐朝大部分的名茶。《封氏闻见记》说当时的扬州运输茶叶的情况"舟车相继"，茶叶堆积如山，而且品种丰富。唐朝的名茶据记载大约有五十多种，这些茶的品质各有特点，饮用方法也会有各自的地方特色。扬州人在接触这些名茶的同时,也接受、融合了这些地方的饮茶方法与风俗。比如一般都认为是岭南民俗的"三道茶"就曾经存在于扬州的婚俗中,但是与南方的三道茶已有了很大的不同。大理白族的三道茶第一道是苦茶,第二道是甜茶,第三道是回味茶,三道茶品出人生哲理。扬州的则不同,据《邗江三百吟》记载,清代扬州人办喜事的时候,必用三道茶来款待媒人、新女婿。第一道"高(糕)果",献而不食;第二道是莲子羹或燕窝羹;第三道才是茶,高档的用龙井茶,普通的用霍山茶。这三道茶中,只有最后一道有茶,前两道都是点心。现在这三道茶的婚俗在城市里已经很少见到了。在农村,由于经济条件的限制,三道茶的糕点都已经极为普通,炒米、汤圆、龙眼、红枣等都可入茶。

领风气之先的还有扬州饮茶的文化,或者可以称为茶道。现代的茶道专家将唐代的茶道分为三类,其一是陆羽的修行类茶道,其二是常伯熊的表演类茶道,其三是五代时荆南国水大师的娱乐类茶道。陆羽与常伯熊是同时期的两位茶道大师,据唐人笔记记载,二人曾同时出现于扬州,并为路过扬州的湖

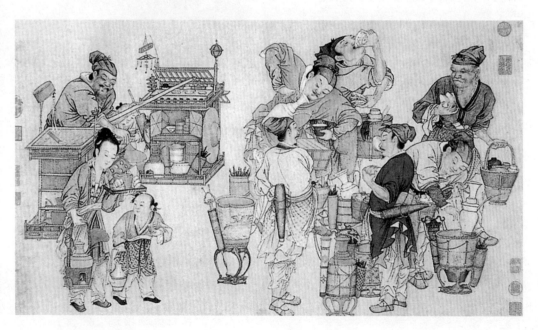

宋朝人的斗茶场景

州刺史李季卿演示茶道。如此看来，二人的茶道应该是在扬州留下一定影响的。荆南国水大师的茶道由闽中茶工的鉴定茶叶质量的方法演变而来，这一方法就是风行于宋元时期的点茶法。由于五代时期，扬州地处战争前沿，没有发展茶道的环境，所以直至宋朝天下安定以后，点茶法才流行开来。

## 二、茶圣名士共流连

### ◎ 茶圣评水处

对于茶道，扬州有着相当高的起点，唐朝最顶极的茶人陆羽与常伯熊都曾流连于此。在这之后，许多茶人、名士往来于江淮之间，他们给扬州茶道注入了专业、风雅的元素，使扬州的茶道一直处于中国茶文化的发展前沿，可以说扬州茶文化的发展是与中国茶文化同步的。

陆羽，字鸿渐，江西竟陵人，少时为竟陵龙盖寺僧收养，长大后出寺游历大唐帝国的南方主要产茶地，写出了历史上第一本茶学专著《茶经》。据唐人笔记记载，陆羽《茶经》出版后非常受欢迎，茶道成了时尚的象征。另一茶人常伯熊对陆羽的茶道加以润饰，使其更合乎人们的审美及娱乐需要，一时间好事者家藏一副陆羽所设计的二十四式茶器，茶道迅速地在大唐帝国流行开来。

唐代宗时，李季卿任湖州刺史，路过扬州的时候遇到了陆羽。李季卿久闻陆羽之名，一见之后相谈甚欢。两人一起来到了扬子驿，快到吃午饭的时候，李季卿道："陆先生是天下闻名的茶道行家，这里附近的扬子江南零水水质又是相当好的，难得这么巧遇啊，怎么能错过呢！"于是就派了一个办事很可靠的军士驾船去江心取水，陆羽则把茶器整理好在那儿等着。汲取中泠泉水是有相当难度的，须在每日子、午两个时辰，将带盖的铜瓶用绳垂下泉中，迅速拉开盖子，才能汲到中泠水，所以李季卿才会在吃午饭的时候派军士去取水。一会儿水送来了，陆羽舀了一勺子看了一下，说："江水倒是不错的，但不是江心的南零水，好像是岸边的水。"军士说："我是亲自坐小船到江心去取水的，有好多人看见的，我怎么敢欺骗您呢？"陆羽不说话,将水往盆里倒,倒了一半的时候,突然停下来,又舀了一勺水,说:"从这里开始是南零水了。"军士大惊,连忙跪下来说:"我从南零取水到岸边的时候,船晃得厉害,把水晃出去一半,怕大人责怪,于是取岸边的水装满一坛。您真是神鉴,我不敢再隐瞒了。"李季卿与随从们惊叹不已。李季卿问陆羽道:"像你这样精于鉴水,你所品尝过的水,肯定知道它们的优劣了。"陆羽说:"楚水第一,晋水最下。"然后口述天下适宜烹茶的泉水的名次:"庐山康王谷水帘水第一;无锡县惠山寺石泉水第二;蕲州兰溪石下水第三;峡州扇子山下有石突然,泄水独清冷,状如龟形,俗云虾蟆口水,第四;苏州虎丘寺石泉水第五;庐山招贤寺下方桥潭水第六;扬子江南零水第七;洪州西山西东瀑布水第八;唐州柏岩县淮水源第九,淮水亦佳;庐州龙池山岭水第十;丹阳县观音寺水第十一;扬州大明寺水第十二;汉江金州上游中零水第十三;归州玉虚洞下香溪水第十四;商州武关西洛水第十五;吴淞江水

元朝赵原的《陆羽烹茶图》

第十六；天台山西南峰千丈瀑布水第十七；郴州圆泉水第十八；桐庐严陵滩水第十九；雪水第二十。"这个故事见载于张又新的《煎茶水记》。

《封氏闻见记》中记载了这个故事的另一个版本。说李季卿替朝廷去巡视江南，到了临淮驿馆的时候，有人跟他讲茶道名家常伯熊在这里，李季卿就让人去请他来。常伯熊煮茶的形象很好，穿着黄衫，戴着乌纱帽，手执茶器，口诵茶名，将茶道过程详细地做了一遍，李季卿与随从们都觉得大开眼界。茶煮好了，李季卿喝了两杯。唐代的茶碗是很大的，一碗茶的量很多，看来这个李季卿对常伯熊的茶道是非常欣赏的。等到了扬州，又有人说著名的陆羽正在这里，李季卿又让人去请来。这陆鸿渐穿了一身农夫的衣服，带着茶具就进来了。坐下来以后，一切程序与常伯熊的一样。李季卿在心里就看不起他，等他煮完了茶，李季卿让下人："拿三十文钱给那个煎茶博士。"陆羽是个交游广阔的名士，受此羞辱，一气之下写了一篇《毁茶论》。常伯熊的茶道是来源于陆羽的《茶经》，当然陆羽做的会跟他一样了，李季卿并不是因茶道而看不起陆羽，而是因为陆羽的穿着打扮才看不起他，看来这个李季卿并不是茶道的知音。

对于《煎茶水记》中所记载的评水故事，宋代欧阳修任扬州太守时曾作过一番考证，并写了极其严谨的一篇论文《大明水记》。欧阳修在文章中首先介绍了陆羽在《茶经》一书中的论水观点，然后联系《煎茶水记》中陆羽对宜茶水品的排列次序，指出其中矛盾的地方。陆羽在《茶经》中提出"山水上，江水次之，井水最下"，而刘伯刍在《煎茶水记》中把扬子江南零水评为第一，惠山石泉评为第二，与陆羽所说的正相反；陆羽为李季卿所评的二十水也与陆羽的观点不符，排第一的庐山康王谷水帘水，还有蛤蟆口水、西山瀑布、天台千丈瀑布等，都是陆羽在《茶经》里告诫人们不要食用的水，说这样的水食用了会让人脖子上长瘤的；其他还有江水居于山水之上，井水居于江水之上，都与《茶经》的观点相矛盾。欧阳修认为陆羽不会有这样不能自圆其说的做法的。他还提出，水虽然味有美恶，但要把天下水从高到低排个座次，那是很荒唐的。

### ◎名泉配名士

扬州城中的泉水不能与蜀井、第五泉等相提并论,但有些泉水却因曾经的主人而名声大噪,比如青龙泉、胭脂井、桃花泉等。

碑上的文字:

青龙泉井

青龙泉本在天宁寺内。晋城

跋陀罗僧佛驮

从井中出,变形为青衣童子供事,故

以名泉⋯⋯寺僧理宗募买隙地,勒石

其上,早年尔多沁此祈雨

雍正年间

《扬州画舫录卷四·新城北录中》

天宁寺内的青龙泉

与青龙泉有关的是晋代高僧佛驮跋陀罗。传说他在天宁寺内译《华严经》,这时寺中井内有两条青蛇变化成青衣童子,在一旁侍候他。这件事很像是佛家的杜撰,信不信的都当作一个故事来说。但一般都认为佛驮跋陀罗确实在这里译过经,所以有没有青龙,这眼泉都是名胜了。清朝时,一个叫理宗的和尚对青龙泉作过清理,并立了一块碑,上面刻着"青龙泉"三个字。这块碑早就不见了,而泉水也已经干涸,只剩下刻着"青龙泉"三个字的井栏。

茶自南北朝以后就与宗教结下了不解之缘,尤其是与佛教关系密切,而这茶佛之缘就与水有关。中国好多地方有卓锡泉,多是传说某高僧传法至此,把锡杖插在地上,于是泉水涌出,而这些泉水往往滋味甘美。扬州的青龙泉与各地卓锡泉的传说,都是意在弘扬佛法的广大,而这些传说,让茶与佛教的联系更加地紧密了。僧人,尤其是有名的僧人多与文人名士相交,他们自己往往也是有着名士风度的。

胭脂井与康熙年间的名士汪懋麟有关。汪懋麟是清代文豪王士禛的高足,是当时扬州文人的领袖,扬州平山堂的重修还有他一份功劳呢。汪懋麟

天宁寺内的茶寮

　　家住在东关街的雅官人巷内的"百尺梧桐阁"，胭脂井就在百尺梧桐阁的边上。传说每年五月五日，这口井里的水就会变成红色，像胭脂一样红。

　　五月五日是端午节，扬州人的习惯要吃"十二红"，这口胭脂井似乎在跟扬州人一起过端午。但是，井水真的会变红吗？ 1948 年，杜召棠先生特意来这里作了一番考察。杜先生来时，百尺梧桐阁早就不见了，靠古井最近的是酱园的作场，井内壁苍苔藤葛密布。周围的一些老人家告诉他，这口井的水质很好，而且即使碰上干旱的年份也不会干涸。但是，五月五日井水变红的情况并没有发生。杜召棠推测，井四周长了不少枸杞，这些枸杞的根都很发达，很可能已经深入地下水脉，影响了土壤的成分，使其带有红色的元素，所以偶尔会见到井水变红，但不一定是端午。杜召棠的推测也还带有臆想的成分。

　　中国有多处胭脂井，那些胭脂井的传说往往与美人有关。如南京的胭脂井是陈朝灭亡时陈后主带着张丽华跳进去藏身的地方；安徽潜山的胭脂井传说与东汉末年的江东美女二乔有关,井水终年呈粉红色。江西上饶市区茶山寺陆羽泉也曾有胭脂井之名,但那是因周围土色赤而得名。

桃花泉是扬州城内最有名的泉水,是清代扬州盐漕察院内的一口井。康熙年间,《红楼梦》的作者曹雪芹的祖父曹寅任两淮巡盐御使时就住在桃花泉旁,并有《桃花泉》诗留世,其序谓"此泉味淡于常水",并说这眼泉水最适合用来煮粥、泡茶、煎药。中国茶道发展到明清时,人们往往用水的轻重来评价水质的高下。清代的主流意见认为重量轻的水品质好,那么味淡于常水的桃花泉当然也就是优质水了。流连于桃花泉旁的名士很多,历任鹾使大都喜欢结交文人名士,那些座上宾必然会与这泉水有点关系的,但真正让桃花泉名扬天下的是清代围棋圣手范西屏。

历史上的扬州,围棋活动是很兴盛的,特别是到了清朝,曾经国手辈出,名家云集。明末清初的扬州就有方新、季心雪、周元服等以精湛的棋艺抗衡当时的顶尖高手。至康熙年间,泰县黄龙士以不可阻挡的气势横扫棋坛,与当时的国手周东侯并称"黄龙周虎",后阎若璩将其与黄宗羲、顾炎武等人并称为"十四圣人"。晚清时的扬州人周小松,二十岁时即已成名,晚年游于苏、鲁、京、沪等地,棋艺已是天下无敌,是中国传统围棋的最后一位泰斗。扬州围棋的兴盛与盐商的支持是分不开的,扬州的盐商可不是一般的棋迷,还曾出过相当高水平的棋手。清朝野史载,盐商胡肇麟与当时的四大国手梁魏今、程兰如、施定庵、范西屏对局均被让二子,每负一子,输银一两。他棋风凶悍,同时的棋手无不退避三舍,号为"铁头"。这位"铁头"后来棋艺大进,达到了被梁魏今、施定庵让先的水平。扬州官府的棋风也很盛,朝隆南巡驻跸扬州,时任两淮盐运使的卢雅雨特设琴棋二馆,命仪征棋手姜杰士与卞立言以"棋童"的身份接驾。扬州棋风之盛由此可见一斑。

围棋鼎盛时期的四大国手经常往来于江淮之间,其中的范西屏和施襄夏(定庵)晚年均定居于扬州。此二人均系浙江海宁人,范西屏长施襄夏一岁。乾隆四年,二人在浙江平湖张永年家中弈出了著名的"当湖十局",被认为是旧式对子局的高峰。二人定居扬州时都已是五十开外,范西屏时居两淮盐漕察院内,写出了著名的《桃花泉棋谱》,由当时的盐运使高恒刊刻于世。此谱后传至日本,对日本围棋的发展产生了极大的影响。在《桃花泉棋谱》问世前六年,施襄夏的《弈理指归》也刊行于扬州,巧的是为其出书的也是盐运使。当时的盐运使是卢雅雨,因此有人推测施襄夏当时也住在盐漕察院内。

时过境迁,昔日的盐漕察院后来成了一所学校——新华中学。再后来,扬州搞城市改造,街道拓宽了,学校迁走了,高楼耸起,夜市

《桃花泉棋谱》书影

灯明。我闲来无事,曾去探访过几次,询之附近的居民,皆曰不知,不知是在高楼之下还是在废墟之下。后来与扬州的文化老人李久扬先生谈及此事,李老说他看见过“桃花泉”的井栏,但现在已经不知下落了。这么一个桃花泉,因曹寅而与《红楼梦》有点关联,因范、施而与围棋有点关联,泉本身还是烹茶的上佳泉水,可惜就此消失了!

### ◎ 坐客皆可人

欧阳修在扬州时筑了平山堂,并时常在此宴请江淮士人。后来他在回想这段生活的时候,写下了《和原父扬州六题·时会堂二首》:“积雪犹封蒙顶树,惊雷未发建溪春。中州地暖萌芽早,入贡宜先百物新。忆昔尝修守臣职,先春自探两旗开。谁知白首来辞禁,得与金銮赐一杯。”欧阳修在扬州时曾主持过贡茶的生产。在诗中,他说扬州的茶要比四川的蒙顶茶与福建的北苑茶发芽都要早,而他在退休前与皇帝告别时,又在金銮殿上喝到皇帝赐的扬州蜀冈茶。一种他乡遇故知的感情发于中而溢于表。

文章太守的平山堂

在欧阳修之后来扬州的苏东坡是一位老饕级的美食家,他在扬州时对茶道理论留下了极为精辟的见解。苏东坡在扬州石塔寺试茶,曾有诗云:"禅窗丽午景,蜀井出冰雪。坐客皆可人,鼎器手自洁。"所谓可人的坐客是指与自己气味相投的人。又说"饮非其人茶有语",如果茶能说话,会对不适当的茶侣提出抗议的,文人的狷介尽在这看似平和的茶中。苏东坡诗中所说的正是北宋时士大夫点茶时所说的"三不点",即泉水不甘不点,茶具不洁不点,客人不雅不点。泉水是天生

苏东坡像

的,虽不易得,但只要处处留心也不是什么难事;茶具的洁净与否与主人的品位有关,一个干净利落的主人,当然也会有洁净的茶具。而客人雅不雅,有时是可遇而不可求的。不过能入欧、苏座上一同品茶的人,一定也都是大雅之人。当时与苏轼一同在石塔寺品茶的是北宋大名鼎鼎的词人晁补之。

著名文人梅尧臣就是欧、苏座上的常客,也是一位茶道行家。据他自己诗中说:"始于欧阳永叔席,乃识双井绝品茶。次逢江东许子春,又出鹰爪与露芽。"可知他是经常与那些茶人往来的。许子春,名元,也非等闲之辈,曾任江浙荆淮制置发运使,官至工部郎中、天章阁待制,中国"定额"的首创者。梅尧臣曾多次与朋友在平山堂开茶宴。他在《大明寺平山堂》诗中写道:"陆羽烹茶处,为堂备宴娱。"说陆羽曾于大明寺烹茶应是出于《煎茶水记》中陆羽评水的记载。后人对《煎茶水记》颇多微词,认为其内容是张又新的谬说,但对陆羽可能尝过大明寺的泉水却无怀疑——以陆羽对泉水的热情,不可能放着大明寺的名泉而不去品尝的。又或者,当时扬州尚有关于陆羽在大明寺烹茶的传说。在另一首《平山堂留题》中,梅尧臣描写了他在平山堂参加茶宴的场景:"陆羽井苔黏瓦缸,煎铛泻顶声淙淙。雨牙鸟爪不易得,碾雪恨无居士庞。"梅尧臣在品尝雨前茶时,想起了他最相得的一位茶友庞居士。

欧阳修在收到建安太守寄来的新茶后马上邀请梅尧臣一同品尝,并且在诗中写道:"泉甘器洁天色好,坐中拣择客亦佳。"盛赞他是可以一同品茶的佳客。梅尧臣在扬州流连的时间比较长,而且对扬州的产茶地及著名的品茶地都了如指掌,造贡茶的时会堂、春贡亭,蜀冈上的蒙谷茶园都留下了他的履痕。苏轼的弟弟苏辙也曾游历扬州,在大明寺用蜀井水烹蜀冈茶,他的感觉是"行逢蜀井恍如梦,试煮山茶意自便",进而感叹"早知乡味胜为客,游宦何须更着鞭"。离开扬州后,苏辙在给苏轼的信中还念念不忘地提醒他"南来应带蜀冈泉"。

清代文豪王士禛任职扬州时,也曾特意带了第二泉水欲送朋友,正好在路过高邮湖的时候见到邻船上一个熟人,想请他捎带过去,哪知所托者不是他所想象的那种风雅人。他对王士禛说:"路太远了,这几坛子水不太好带。"这让王士禛很有些郁闷:"这个人真是个俗吏!"前面的章节里介绍过王士禛,他在扬州任职时,"昼了公事,夜接词人",还发起了名闻江南的"红桥修禊"大型文宴活动,所交往者都是一时的风雅之士,不想在高邮湖上碰到了一个不懂风雅的人。

天宁街西有一"青莲斋茶叶馆",馆主不是凡人,是来自安徽六安茶山的僧人。六安产名茶,称六安瓜片,《红楼梦》里曾提到过这种茶,可见当时它的名气不小。和尚春夏季入山采茶、制茶,秋冬季则来到"青莲斋"守店。扬州城东的居民大多数是在这里买茶的,所以青莲斋的名气很大,郑板桥曾为其题了一副对联悬在门上:"从来名士能品水,自古高僧爱斗茶。"僧人往往是文人最佳的茶伴,以其脱俗故耳。

清代扬州有个名士季雪村号称有水癖。下雨天,他把屋檐落水收集起来贮存在大缸里,并且按季节分好,春季有桃花水,夏季有黄梅水和伏水,冬季有雪水。碰到风雨天就用盖子把缸盖上,碰到晴天,就拿掉盖子,让缸里的水接受日月的精华之气。据说用这样的水泡茶,味道非常甘美。"天落水"自宋朝以后就逐渐受到茶客们的重视,曹雪芹在《红楼梦》里描写"栊翠庵品茶"的那一节里,妙玉烹茶所用的雨水、雪水都是天落水。《扬州画舫录》里还有一位姓王的老头儿,可能是扬州茶人中最讲究水的人了,他自称一生不饮第五泉以下的水。这位老王头儿对茶的执着,可与明朝南京城里的闵汶水一比。

## 三、从茶摊到茶馆

### ◎ 茶摊与茶桌子

从现有的文字资料来看,最早的茶摊可能出现在扬州,这一点也是开天下风气之先的。汉晋时期,饮茶逐渐普及,饮食市场上也就多了茶摊这一行。

最早关于茶摊的记载见于晋代傅咸的《司隶教》:"闻南方有蜀妪,作茶粥卖之,廉事毁其器具。"茶粥就是茶粥。秦汉时期,茶与茶是通假字。傅咸没有说这位四川老太在南方什么地方卖茶,想来南方卖茶的地方应该不少,还引发了和当时的城管人员的冲突,结果当然是鸡蛋碰石头。这件事后来成了神话小说《广陵耆老传》的素材。说南方的广陵城里有一老妪,每日提一桶茶到集市上去卖。从早到晚,无论客人有多少,老妪茶器里的茶都卖不完,还拿所得的钱财去接济贫苦,惹得衙门老爷们不高兴,将其抓进监牢。结果当夜月黑风高,老妪带着她的器具从牢房的窗子飞走了。

汉晋时期的茶是饼状的,饮用时要先上火炙烤,再碾成粉末,放入碗中,浇入开水,还要加葱、姜,饮用十分不便。那个四川老太将茶煮好了装在桶里拿上街叫卖,方便了很多来集市上买东西的人,自己也因此能挣几个糊口的钱。这本是利人利己的好事,不想却遭遇管理者的粗暴执法,古今穷人的生活是一样地艰辛!可能因此,在《广陵耆老传》里,这个老太太被作者写成了可以不受欺负的仙人。《广陵耆老传》之所以把《司隶教》的故事坐实在扬州,应该与当时广陵城饮茶情况的普及有关。这个四川老太的茶摊开了扬州茶馆的先河。

清代扬州卖茶老太太的境遇就要比古代的广陵茶姥境遇好得多了。有一位卖茶的乔姥经常在瘦西湖边长堤上卖茶,这个地方游人如织,也不见有管理人员来赶她走,于是乔姥的茶桌子可以一直摆下去。

由于摆摊的地方生意很好,很值得投资一下,所以乔姥把她的茶摊硬件搞得也相当不错。茶具是锡制的。在清代,锡茶具是相当时髦的,与紫砂茶具的地位不相上下,而且专家们说过"茶宜锡",锡茶具是最适宜用来泡茶的器具。她的锡茶壶造型很漂亮,小颈修腹,透着精致。除了茶具好,

**清朝的锡茶壶**

乔姥还为茶客们准备了多种茶叶,估计当时扬州市面上流行的茶叶这里都备上了。她这个茶摊的规模还不算小,有几十张小竹凳,如果一张茶桌配四张凳子,大概要有四五张茶桌呢。乔姥的茶二文钱一杯,这在号称是"销金锅子"的瘦西湖边,真的不算贵了。也有喝茶不给钱的人,那是每年湖上赛龙船的时候,茶客太多,乔姥忙不过来,于是有些人喝了茶就溜掉了。这里常会碰到一些扬州城里的名人,说书名家柳敬亭就曾在这里与人喝茶聊天,只是乔姥不一定认识这些名人。

玉版桥边也有个茶桌子,老板叫王廷芳。这位王老板很会做生意,他发现游人走到玉版桥边,大多已经是饥肠辘辘,于是就拉了一个在双桥卖油糍的康大过来,两人合本一起做生意。游人走到这里,对这香茶熟饼,是没多少抵抗力的,所以两人每日里可以挣下不少的钱。

还有一种茶摊,是寺院道观的施茶摊。这些茶摊常常位于路边的亭子里或寺院外的香市上,受施的对象是路上的行人、来寺院进香的香客。前人曾有一联,正适合这种茶摊:"四大皆空,坐片刻无分尔我;两头是路,吃一盏各自东西。""四大皆空",点出了设茶摊的人,"各自东西"指的当然是来寺院礼佛的香客。清代扬州丰乐街上有一间甘露庵,每到夏季就会去功德山香市施茶,广结茶缘。

近代扬州的街市上,还有一类极简单的茶摊。卖茶人摆几个玻璃杯在小几上,斟上茶,用一块方形玻璃盖上,供路人投钱取饮。这样的茶,于路人是解渴,于主人是谋生,已经与茶道无涉了。

## ◎ 园林多茶肆

在瘦西湖红桥东岸有一个园子叫江园,乾隆很喜欢这里,改其名为"净香园"。园中诸多建筑也是乾隆赐的名字,但似乎人们更喜欢它原来的名字。园中有一茶肆,称"江园水亭",是园丁所开。茶肆名"水亭",似乎是一语双关,一则茶肆乃卖水的地方,二则这间茶肆正是一临水的建筑,水中还养着很多白鹅。江园可能是扬州巨商江春所建,后来江春败落,江园也随之败落,但谅一园丁,似乎还不可能是此园的继任主人。这也正是"江园水亭"茶肆有意思的地方,作为雇员的园丁居然可以在主人的地盘上开茶肆,大概是得到了园主人的许可或授意的吧。作为一处皇帝巡幸过的花园,应该是相当精美的,不是一般人可以随便出入的。那么,这"江园水亭"的茶客们也应该是当时扬州的富商、官员以及出入他们府堂的文人了。江园在解放后改成了工人疗养院,如今面目已非当年,茶肆更不知在哪里了。

"亢家花园"茶肆是一个典型的王谢堂变百姓家的地方。这里本是一处盐商的私家花园,后来变成了茶肆,改名为"合欣园"。开茶肆的是林姓母女,她们的茶肆里做的烧饼也很有名。与双虹楼的带馅烧饼不同,这里卖的是"酥儿烧饼",就是特别加酥的烧饼。但茶客们并不全是冲着烧饼去的,据《扬州画舫录》说,那个姓林的女儿长得很漂亮,说话很温柔,因此才有很多人过去喝茶吃烧饼的,而林氏母女也因此而致富。因美貌而引来食客如潮,"合欣园"茶肆不是第一也不是最后。司马相如在成都开酒店的时候,让妻子卓文君当垆,自己在一边刷盘子洗碗,也是拿帅哥美女作卖点的;前些时候网络上有"最帅烧饼郎"的炒作,很多食客也都是对那帅哥很感兴趣才去吃他的烧饼的。"合欣园"的环境相当不错,门内厅上悬了一块"秋阴书屋"的匾,透着书卷气,其他的建筑或临水,或依城,给人舒适安逸的享受。"合欣园"茶肆开的时间不长,林老太太就死了,她的女儿一个人撑不下去,于是歇业离去。扬州最有风情的茶肆消失了,"合欣园"则成了一家客寓。

"西园曲水"原来也是一家茶肆,后来经过张氏、黄氏、汪氏多番营造,才成为一处园林的。这里之所以被他们看中造园,原来的自然景观应该是相当不错的,至今这里还是扬州一处著名的园子,园中多盆栽。

由于扬州人喜欢弄些花鸟虫鱼,所以好多花圃也兼营茶肆。在史公祠附近有一处柳林,为朱标的别墅。朱标擅长养花种鱼,所以这个别墅实际上是他的一个花圃。别墅门前栽着好多柳树,围以低矮的土墙。院中许多盆栽放在红漆木架上,高高低低,错落有致。柳树下放着好多瓦缸养着好多鱼,有文鱼、蛋鱼、睡鱼、蝴蝶鱼、水晶鱼等等。朱标的生意非常好,城里大户人家的花木多出自他手。除了养鱼种花,园中还有十几间屋子,朱标拿来开了一间茶肆,挂了一幅帘子,上书"柳林茶社"。来喝茶的人当然以买花人为多,也有不少文人喜欢来这里喝茶赏花,名士田雁门为茶肆题了一首诗:"闲步秋林倚瘦筇,碧栏干外柳阴重。赖君乳穴烹仙掌,饱听邻僧饭后钟。"瘦西湖北面的傍花村也是花圃比较集中的地方,南邻北垞,园种户植,以菊花闻名,每至花时,游人多来此品水斗茶。

高庄茶屋在买卖街路北,本是一处无名的园子,后被扬州人高霜珩买下来经营茶肆,周围人才以"高庄"呼之。这个小园子建得非常随意,以矮墙竹栅为界,园内高下参差,一株柳树下建了一间屋子,屋子三面开窗,园中多古树,盛夏时节浓荫蔽日,西门开在梅花中。此园的日光也有特点,冬天阳光明媚,夏季时日光被附近的城墙遮挡,直到黄昏时才有一抹斜阳。高庄茶屋不仅是风景好,位置也好,其北墙就是买卖街的一号公馆,平时进出的多是仕宦商贾,消费能力是不用怀疑的。

出土于江都明代墓葬中的"大彬"款六方壶

茶风盛,茶具必然也十分讲究,而这些讲究的茶具有相当一部分在扬州本地就可以买到。天宁寺旁有一建筑群叫"十三房",原是为皇帝南巡准备的,后来这里开了一家茶具店"香雪居",所卖的都是来自宜兴的紫砂壶。紫砂壶是明代中后期开始兴起的,从名匠供春、时大彬开始,紫砂壶的名家作品就是可遇而不可求的珍品,与商彝周鼎等价,因此成为人们品茶时最为推崇的茶具。1965年,在江都丁沟一座明代墓葬中出土了一把红泥紫砂六方壶,壶底有"大彬"二字,应是时大彬手制的紫砂壶,此壶见证了当时扬州的茶风。

## ◎茶社客相邀

茶社在明清时的扬州,其作用颇类似于

西方的俱乐部。往往有相同爱好、相似需要或相同阶层的人，会有他们常去甚至是固定的茶社。

寻常百姓，相邀喝茶，或是为了联络感情，或是协调邻里纠纷，或是单纯为了品尝某茶社的新点心品种。汪曾祺先生在散文《故人往事》中说："茶馆又是人们交际应酬的场所。摆酒请客，过于隆重。吃早茶则较为简便，所费不多。朋友小聚，店铺与行客洽谈生意，大都是上茶馆。间或也有为了房地纠纷到茶馆来'说事'的，有人居中调停，两下拉拢；有人仗义执言，明辨是非，有点类似江南的吃讲茶。""吃讲茶"是民间常见的调解纠纷的手段，有矛盾的双方约了中人一起来到茶馆，各讲各的理，由中人作出裁判。中人在桌上放两只茶壶，若矛盾化解了，中人就把两只茶壶的壶嘴相交，表示和好；若一方有异议，就把自己面前的那只壶拉过来，再讲道理；若中人判哪一方理亏，就把他面前茶壶的盖子反扣。最后，茶资由理亏的一方出。此时，另一方为表示和解的诚意，往往会把自己的壶盖也反扣过来，并分担一半茶资。对于寻常百姓来说，吃讲茶是解决问题的一个很好的途径，对于漕帮、盐帮来说，吃讲茶也是常用的调解手段。但对于帮派来说，如果调解不成，可能就是一场械斗。

老扬州的二钓桥南有一明月楼茶肆，茶肆中泡茶所用水是取之于二道沟的河水。扬州人相信这里的水来自于淮河，而当江水涨潮时这里又羼杂了江水，淮水与江水都是曾经被茶圣陆羽品题过的泡茶好水，所以用江淮水泡茶的明月楼茶肆自然就生意兴隆、茶客盈门了。只要开门营业，这里就是一个人声喧闹的场所，还夹杂着茶客们带来的笼养小鸟的鸣叫声，以至于隔桌说话的人只见嘴动，却听不清说的是些什么，只能以眼代耳。这里聚集的是一群非常讲究泡茶用水的茶客。

去茶馆谈诗论文也是很常见的。扬州民间文风很盛，清末民初，扬州教场有茗园茶社，馆名"茗园"二字为书画家王虎榜所书，店中四壁所悬也大多数是他的作品。富春茶社也是一文化聚会之所，民国扬州一些文化人，每天早晨往富春茶社，叫上一杯茶，一碟干丝，就可闲聊一个上午。

一个茶社往往有多个阶层的茶客。如正阳楼茶肆每天早晨第一批茶客多为悠闲的老人、盐商的破落户子弟,以及许多城市平民、游民等。他们是这个城市里的有闲阶层,常常起个大早,提笼架鸟,来到正阳楼坐下,挂起鸟笼,一起品茗赏鸟。下午的茶客往往是一些做小生意的,有收旧货的,有放高利贷的,更多的是做"陆陈行"的。所谓"陆陈行"是指越冬的农作

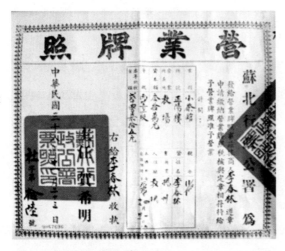

正阳楼的营业牌照

物,有小麦、菜籽、豌豆、大蒜、红花、靛花、花生、芝麻、大豆、稻米等。来这里谈生意的茶客有好些是来自于扬州周边县镇的。这时,正阳楼就起到了一个交易所的作用。一直到上世纪50年代末,正阳楼才关闭歇业。富春茶社也有多个阶层的茶客。与正阳楼不同的是,富春茶社有几个区,不同类型的茶客们常常是在同一时间在各自的区域中活动,而这些区域是茶客们自发形成的。吴白匋在回忆富春茶社时说,茶社里有乡贤祠、教诲厅、贸易厅等。那些乡贤们,有的人每天早晨来这里洗脸刷牙,毛巾牙刷就存放在馆里;有的存放了自备的茶壶,高古的宜兴陶壶和精良的景德镇瓷壶都有的是,容量总比馆里壶小。即使一壶茶只卖7分钱,他们却把茶叶分成两份,一半早上吃,一半留在午后再来吃。

茶馆在清朝以及民国初期,是曲艺演出的主要场所,扬州亦然。以曲艺著称的茶肆聚集的自然是一些听书、听戏的茶客。这些茶肆上午都是接待饮茶的客人,下午则让茶客在此听扬州评话和扬州弹词,清代的小秦淮茶肆就是这种。在中国的曲艺形式中,扬州评话及清曲颇有名气。以此来推断,当时为他们提供生存环境的茶馆应不在少数。据林苏门《邗江三百吟》的记述,茶馆预先在门口贴出报条,上书"某某日某人开讲书词"。有的茶

馆不收茶钱,只收门票;
有的茶馆只收茶钱,不收
门票。茶馆与艺人的利
益分成由双方协商而定。
这是当时中国常见的茶
馆与戏班合作的方式,扬
州的茶馆应该亦是如此。
后来,一些茶肆演变成了
书场,但书场的"票房收
入"仍叫做"茶资",书场
里也为茶客泡茶,也供应
糖果、花生、瓜子。

◎ 冶春、富春

明清时期,小秦淮河
北水关一带是扬州城的北
郊,风景优美,茶社很多。
晚清以后逐渐衰落,如今
扬州的那些有园林风格的

宋代茶馆说书人

茶社已经不多了,故冶春茶社有必要单独来说一说。冶春茶社在小秦淮河边、
西园宾馆南,是扬州极有品位的一家茶社。

今天的冶春茶社包括清代与民国时期的庆升与香影廊茶肆,以及冶春
花社与餐英别墅等建筑包罗在内,合众园为一园。餐英别墅是近代扬州园
林名家余继之的住宅,其东是余继之养花的地方,花木叠石都是他自己设
计,四时花木扶苏,园中盆景、盆栽相当有名。餐英别墅后来收归国有,成为
宴宾与养花之处,但园林格局没有大的改变。餐英别墅的西边,原来有一幢
红砖小洋楼,是一家旅社。前些年,冶春园改造,不知当时的主事者出于何
种考虑,把餐英别墅、小洋楼以及掩映它们的那些花木水石全都推平了,盖

成了几幢俗气但敞亮的新的仿古建筑。

　　水绘阁与香影廊是今天冶春园中仅存的清代遗迹。这两个建筑事实上是联为一体的。水绘阁是一排临窗的水榭，窗下是小秦淮河，当时水上的游船可以停在窗下向茶社的伙计买点心。现在也还有游船，但没有在此停靠的，因为在其东边就是停靠游船的御码头。据水绘阁的砖铭所记，此水榭是仿清代才子冒辟疆的如皋旧居而建。水绘阁西是香影廊，其名来自渔洋山人的"日午画船桥下过，衣香人影太匆匆"诗句。而冶春茶社的得名，疑似来自于当年渔洋山人的冶春诗社，虽然这里不是冶春诗社的旧址。

**冶春园里的水绘阁**

　　民国时的扬州虽已经破落，但破落得毫不俗气。作家叶灵风先生年轻时来扬州，与诗人洪为法在"香影廊"喝茶。有一个乞丐大概看出叶灵风是一个外地来的"翩翩少年"，竟然念出了杜甫赠李龟年的那首绝句："……正是江南好风景，落花时节又逢君。"喜得洪为法拍手叫绝，连忙给了他两角小洋。

　　原来冶春茶社的营业分上午与下午两个时段，上午一般茶客爆满，欲在

香影廊

此处请客吃早茶,需要起个大早来占位置,若是七八点钟去,多半只有站在一边等桌子。下午茶客较少,常有人先去河南岸的古籍书店看书、淘书,然后三四点钟光景,来这里吃下午茶,消得浮生一日。现在的营业时间与以前不同了,只有上午,而且规定了吃早茶的时间长短,饶是如此,客人依旧要排很久。扬州人都知道,吃早茶,如果吃的是点心的名气,一般要去富春茶社,如果讲究环境,则非冶春莫属。坐在窗边,波光透窗而入,在人的脸上、屋顶上漾来荡去,才知古人水绘、香影之名起的贴切。

前一章介绍过富春茶社饭店身份,这里还要再介绍一下作为茶社的富春。很多人在怀念富春的时候,往往说的是它的茶社身份。吴白匋说他 13 岁时去富春喝茶,感觉那里像个点心店,有好多花架,砖地粉墙,茶客 20 多人,大多是老者,场景恬静如画。这些老者在这里吃了茶点,一般不需付现钱,只需在茶社记了账,然后在三节时一次付清。这些老者的消费能力其实并不高,但老板陈步云还是把他们照顾得很周到,因为这些老茶客都是当时扬州社会的名流,可以提升茶社的档次。结果正如陈步云所望,很多往时不上茶室的人士都成了这里的老茶客。一些喜爱昆曲的发烧友也常来富春聚会,他们带着笛子和手鼓,高兴的时候,细吹低唱一两支《牡丹亭》《长生殿》名曲,娱人娱已。还有些搞字画、收藏的也会来这里交流心得。

虽然生意兴隆,但富春始终保留着价廉物美的经营特点,始终保持着良好的服务质量。服务人员对茶客的要求都很体贴。一些经济条件不太好的茶客在这里吃盖浇面,常要求把面条盛在一个碗里,浇头盛在另一个碗里,吃完面后,将浇头打包回去作午饭菜,服务员遇到这种情况,也一定会耐心地按他们的要求去做。

## 四、茶食的风味

### ◎ 扬州的点心

扬州的点心是茶食的主要内容,与扬州菜肴的成名历史同样的悠久。《云仙杂记》载:"扬州太守仲端,畏妻不敢延客。谢廷皓谒之,坐久饥甚,端入内,袖聚香团啖之。"这太守虽然是个"妻管严",但偷出来待客的"聚香团"决不会是民间的窝窝头一类的粗粝食物。唐代的扬州是个国际性的都会,饮食文化的交流很频繁。鉴真东渡日本时,曾从市集上采购了胡饼、蒸饼、薄饼、捻头、牛苏等点心作为路粮。胡饼、牛苏等是北方的点心,当时已成为扬州市面上常见的食物,又被鉴真和尚带到了日本。扬州点心真正的高峰是在明清时期,当时好多的名点至今还是扬州点心中的精品。

现代的扬州点心,饮食行业内的人总结为四大类:包、饺、烧卖、油糕。这四类又可划为两大类:包子与油糕为酵面类,蒸饺与烧卖为烫面类。就是这看起来很简单的技术内容却变幻出千姿百态的扬派点心。代表性的点心有三丁大包、千层油糕、月牙蒸饺、翡翠烧卖,为扬州点心的"四大名点",正好包、饺、烧卖、油糕各居其一。

三丁包子的第一代品种是五丁包子,据说乾隆南巡至此曾评价它:"滋养而不过补,味美而不过鲜,油香而不过腻,松脆而不过硬,细嫩而不过软。"经皇帝品题过后,五丁包子的名声不胫而走。五丁是指包子馅由五种切成丁的原料组成:熟猪五花肉丁、熟鸡肉丁、冬笋丁、海参丁、虾仁。五丁包子是贵族风格的,馅心成本高,而且因为原料多,自然地程序就复杂些,所以,逐渐地就被三丁包子所代替。三丁包子比五丁包子少了虾仁与海参丁两种原料,其他的原料及制作方法与五丁包子相同,是五丁包子普及版。除三丁包子外,其他的包子也都非常地美味,干菜包子的香、豆腐皮包子的滑、青菜包子的清新、细沙包子的清香都让人回味不已。扬州包子可以用美来形容,洁白、丰满,每只包子都有近四十个褶子,如一朵菊花在绽放。传统的扬州包子有号称"松毛包子"者,尤其称得上精品。其实包子还是原来的包子,不同的是,蒸笼里垫在包子下面的是松针。蒸熟以后,笼里透出混着松针清香的包子的气味,会一上一下地勾起人的食欲来。

蒸饺是我国南方常见的点心,扬州几乎是最北面做蒸饺的地方了,但水平却是最高的。扬州的蒸饺也是用烫面做的饺皮,这可使饺子蒸熟后不易变形。包好的蒸饺像个月牙儿,因此而得名。与包子相似,蒸饺的褶子也要捏得很均匀。蒸饺一般是灌汤的生

扬州蒸饺

肉馅,蒸熟后,一口咬下去卤汁盈口,滋润鲜美。吃蒸饺要配醋,这样才不油腻。秋天的蟹黄蒸饺更著名,蘸姜醋吃的,蟹价自古就高,所以这蟹黄蒸饺价格自然不菲。

翡翠烧卖与千层油糕一起被誉为扬州点心的双绝,是扬州富春茶社创始人陈步云的创作。烧卖本是扬州传统的点心,糯米烧卖是非常大众化的品种。翡翠烧卖则是专为饮茶而设计的品种,是清代为数不多的真正的茶点。翡翠

徐永珍大师制作的
千层油糕与翡翠烧卖

烧卖的馅心有青菜馅与菠菜馅两种，各有特色。相比较而言，青菜馅的味道更清新些，菠菜馅味道更醇厚些。菜馅味道甜中带咸，以甜为主，这是扬州厨师的调味心得——"要得甜放点盐"。颜色碧绿，透过烫面制成的透明感很好的外皮，真如翡翠般碧透。形状也可爱，像一只只小小的花瓶，又像一个个饱满的荷包。

千层油糕是扬州点心中极富盛名的。很多人都说千层油糕是晚清时惜馀春主人高乃超所创制，比如杜召棠的《惜馀春轶事》就是这样记的。高乃超是福建人，说他所做的千层油糕原是福建的点心。但这个说法可能有问题。在袁枚的《随园食单》中收录有"千层馒头"："杨参戎家制馒头，其白如雪，揭之如有千层，金陵人不能也。其法扬州得半，常州、无锡亦得其半。"这位杨参戎的情况很难考证了，馒头这样的面食还是北方人做起来比较擅长，所以很有可能是从北方传来的。河南杞县有"蒸馍样"，号称"杞县蒸馍有千层"，是当地的名产。这与袁枚所见的千层馒头应该是同一种食品。

清代李渔论糕饼时说："糕贵乎松，饼利于薄。"依着李渔的观点，扬州的千层油糕是兼有糕、饼的优点了。做得好的，虽揭不出一千层来，但揭出二十几层还是有可能的，吃在嘴里，绵软香甜，不是一般的馒头可以比的。在学点心的时候，师傅总是会对徒弟念叨着"包饺烧卖油糕"，油糕是必学的，从学徒时一直做到退休时。所以，扬州师傅的千层油糕做得好是有道理的。

包、饺、烧卖、油糕是扬州点心的主力军，几乎所有经营早点的店里都有得卖。传统的名店有富春茶社、冶春茶社、共和春等，去那里吃是很花钱的，而且不一定能订到位置，许多人宁可站在店堂内等别人吃完空出座来，为的就是吃个正宗。其实，在扬州很多的社区小店，这些点心也做得极其精美的。

除了上面介绍的四类点心，扬州的酒席上还有更为精美的席点，如花色蒸饺，有四喜蒸饺、凤凰蒸饺、白菜蒸饺、银丝卷子、蝴蝶卷子、如意卷子等等。还有些来自于扬州以外的点心，如今已成为扬州点心的一分子了，如徽州饼是清朝时从安徽的徽州传来的；双麻酥饼据说是鉴真和尚带作路粮的胡饼的遗制。还有各式各样的面条，虽不如前面所述的有名，但也是极有特点的，如其中的煨面、炒面。扬州人更爱吃的是干拌面，加一个煎鸡蛋和一碗免费豆浆就是最受欢迎的早餐。

## ◎茶食多特色

李斗说扬州"茶肆甲天下"，说的是清朝的扬州。经济的富裕带来了时间的宽裕，所以清代扬州泡茶馆的人极多。喝茶的人多了，投资茶馆的人就多，很多人斥巨资建造花园来开茶馆，或者买下破产败落的仕商人家的废园来开茶馆。从亭台楼阁、花木竹石到各式茶具用具，无不精美洁净。这一类茶肆有的规模很大，如位于北门桥的双虹楼茶肆，楼宽五楹，在朝东临河的墙壁上开了一扇窗，可以驰目远眺，时人以为这里是自然风光最佳的茶楼。在辕门桥附近有二梅轩、蕙芳轩、集芳轩；教场有腕腋生香、文兰天香；埂子上有丰乐园；小东门有品陆轩；广储门有雨莲；琼花观巷有文杏园；万家园有四宜轩；花园巷有小方壶。这些都是城中最有名的荤茶肆。西门的绿天居和天宁门的天福居则是素茶肆中生意最好的。

这些茶肆的点心各有特点，绝不会一味地去模仿别人。双虹楼的烧饼很出名，李斗说它是开风气之先的。烧饼本是平常百姓的小食，而双虹楼是一家高档茶肆，看起来是很不匹配的。要解决这个问题，只有一种方法，那就是把这烧饼做精。事实上，双虹楼的烧饼确实是普通的烧饼炉子做不出来的，有糖馅、肉馅、干菜馅、苋菜馅四种。蕙芳轩与集芳轩的老板是宜兴人丁四官,其茶肆里的糟窖馒头非常有名。二梅轩出名的是灌汤包子。雨莲出名的是春饼。文杏园的名点是烧卖。品陆轩有名的是淮饺。小方壶的菜饺很不错。其他城内外的小茶肆常用的点心有油镟饼、甑儿糕、松毛包子等。甑儿糕在现在扬州的街头还经常可以看见,小贩用小三轮车载着笼锅,笼里放着甑子,现做现卖,也有先在家做好,装了一袋袋出来卖的。松毛包子是徽州人带来扬州的,蒸包子时,在笼里垫上松针,蒸出来的包子有一股松针的清香,如今在扬州已经看不到这种包子了。油镟饼还是大街小巷常见的小吃。这是清代中期扬州茶馆的盛况。

吃早茶的茶食最常见的有烫干丝、煮干丝、三丁包子、菜包子、肉包子、翡翠烧卖、蒸饺、肴肉等等。尤其是干丝与肴肉,在清末民国时期,已经成为扬州风味茶馆的特色。徐珂在《清稗类钞》中特意将喝茶时吃干丝、吃肴肉作为扬州风俗记载下来。

干丝最能见出扬州人饮食的精致。用一块白白的豆腐干,批成薄片,再切成细丝。豆腐干有 1.5 厘米的厚度,刀工精湛者能将其批成 30 多片,切出来的丝真如棉线样细。这样切出的干丝可以烫着吃。烫熟了,撒点虾米粒、榨菜粒,浇点麻油、酱油,捏一小团细如发丝的姜丝,放两片香菜叶,一盘色香味俱全的烫干丝就出来了。煮干丝用的是鸡汤,汤要浓厚。还要放笋与火腿,笋要鲜、火腿要香。放锅里用中火煮

富春茶社的大煮干丝

上 15 分钟也就可以了,最后再放一小把豌豆苗。这个叫大煮干丝。讲究点的,还要加鸡丝、虾仁。清代扬州人做此菜多喜欢用鸡皮,现代则喜欢用熟的鸡脯丝。其实从口感上来说,鸡皮更滋润,熟鸡脯则粗老如柴,甚是无味,但现代人不喜欢鸡皮油油的样子,看起来似乎面目不清爽。

不太讲排场的,有个烫干丝也就可以当早茶了,讲排场的,往往还要切一盘肴肉。肴肉是镇江的名菜,扬州厨师做得也不错。选猪前蹄,剔去骨,加盐、硝腌上几日,然后放锅中煮烂,在大方盘中压实。吃的时候,切成 6 厘米长的块,瘦肉红、肥肉白、冻如水晶,蘸镇江的香醋吃。用来佐茶,极清香可口,丝毫不觉肥腻。这两年的肴肉已经大不如前,原因是做法改了。原来的肴肉是用硝水腌制的,据现代科学研究,硝水腌肉是对人体有害的,会在人体中产生一些致癌的成分。现在不用硝,改用葡萄糖,不少厨师在煮肉的时候,整勺的加葡萄糖,这样,倒是无害于人体,但味也不对了。还有,现代人怕胖,于是厨师们在做肴肉时,就把肥肉给拿掉,如此一来,色也不如以前,质感也不如以前。

有干丝与水晶肴肉的早茶就已经很惬意了。清人惺庵居士在《望江南》词中写道:"扬州好,茶社客堪邀。加料干丝堆细缕,熟铜烟袋卧长苗,烧酒水晶肴。"喝着茶,就着干丝与肴肉,间或吸几口烟,咪两口酒,扬州人的早晨时光就这样消磨掉了。茶社里吸烟大概是明清时江淮一景,据《清稗类钞》记载,乾嘉之间,南京的茶肆里有吸旱烟的,也有吸水烟的,而且不同茶肆,烟也不同。皋兰茶肆以水烟闻名,霞漳茶肆以旱烟闻名。扬州、南京相隔不远,料风俗应亦相似。

包子是扬州茶社中的常供,清朝五丁包子名气很大,后来逐渐被三丁包子取代。扬州人的包子做得极佳,每只包子的封口处捏上精致的菊花纹样,菜包是闭口的,肉包则是开口的,称鲫鱼嘴。蒸熟以后,菜包的馅心绿透外皮,而肉包的鲫鱼嘴里盛满了汤汁,望之可想其味津津焉。吃扬州包子,一定要喝茶社所提供的魁龙珠茶,才会觉得清淡不油腻,而这茶最可口的也正是在此时。当年,富春茶社的陈步云先生配制出魁龙珠来,之所以一炮而红,与其配茶的那些富春点心不无关系。

## ◎茶食店的杰作

茶食，顾名思义是饮茶时吃的食物。古人把茶食称为"茶果"，除了各种小吃，也还包括一些果品。后来，茶食往往不包括鲜果与汤汤水水的小吃，主要是指用面制作的一些小点心，称为茶点；还有些即食的豆腐干也属茶食一类，称茶干。

扬州的茶食店制作的都是些以面粉为主要原料的小点心。开始的时候，人们是在饮茶时吃这些点心。后来，即使不饮茶，人们也吃这些点心。虽然不一定用来配茶，但茶食之名却是留下了。

扬州传统茶食店中最有名的是大麒麟阁。辛亥革命之后，一个叫周明泉的扬州人与朋友合资在辕门桥开了一家茶食店，起名叫"大麒麟阁"。据说，开业的当天，鞭炮就放了一个上午。大麒麟阁的开业有很多值得圈点的地方。开业时正值腊月，扬州人年底有走亲戚送茶食的习俗。所以，刚开业，大麒麟阁已经做成了第一笔生意。大麒麟阁在经营上很高调。在它之前，扬州城有一家名气很大的茶食店"五云斋"，周明泉把自己的茶食店定位于五云斋的竞争对手的位置上，赚足了知名度。大麒麟阁采用前店后坊的模式，这使得茶食生产过程变得很直观透明，增加了可信度。当然，更重要的是产品的质量。在开业之初，大麒麟阁就挖来高水平的糕点师傅崔国礼与潘兆弼，开发出了多个糕点品种。

大麒麟阁的京果粉是扬州一绝，不仅调料精细，还外加麻油，以至于用来包京果粉的纸瞬间就被油浸透，号称"不过街"——当时的街只需三两步便能跨过。前些年，江泽民总书记在接见扬州市领导时，还特意提到了大麒麟阁的京果粉。绿豆糕是大麒麟阁的时令茶食，每年端午上市，也是纯素油制作的，香甜不腻，入口而消，为其他茶食店所不及。现在还被人津津乐道的乳儿糕也极佳，说是乳儿糕，很多成人也爱吃。

《儒林外史》中提到扬州有一茶食名"透糖"，如今的扬州已经看不到了，但在淮安还保留了下来。"透糖"在淮安方言中两字均读作平声，是一种在糖桂花卤中浸透的类似饼干的端午时令食品。如果追溯其源头的话，透糖可能还与《楚辞》中的"粔籹蜜饵"有点关系，是扬州茶食中化石级别的品种。据专家考证，"粔籹"是环饼，有人据此以为是馓子，其实不然。中国很多地方做馓子，但没有一处是用糖浸馓子的。"透糖"的形状是在一块方形的饼中间划开了一个口子，正是环饼的变形。

淮安透糖

　　金刚脐是江淮一带常见的茶食，只是各处做法不同，名称也稍异。淮安人做的金刚脐是圆形的饼，中间有个一角钱硬币大小的圆圈，从这向边上有很多条直线辐射出去，如菊花状。扬州这里做的如面包状，有五个瓣聚在一起，有个外号"狗爪子"很是形象，不过扬州人给它的外号却是"老虎爪子"。有人说它的名字叫京江脐，不如金刚脐说得通。"金刚脐"者，金刚的肚脐是也。

　　大京果、小京果、麻枣、麻花、桃酥、浇切片等是扬州茶食店中常见的品种，近来则流行各式面包、蛋糕、红豆饼、绿豆饼等。这些都有茶食之名，但人们越来越不把它们当作饮茶的食物了。倒是在很多咖啡馆里，茶食还是以前的身份。由此也可见扬州茶文化的衰落。

　　茶馆中的小吃不一定是自制的，很多茶馆，尤其是说书的清茶馆，往往只供应茶，茶食则有小贩提篮叫卖。可以携入茶馆的小吃有草炉烧饼、火烧、锅贴、桂花糕、童儿糕、豆腐卷子等。清末汪有泰在其所著的《扬州竹枝词》中说道："教场四面茶坊启，把戏淮书杂色多。更有下茶诸小吃，提篮叫卖似穿梭。"朱自清说扬州茶馆里卖小吃的情况："坐定了沏上茶，便有卖零碎的来兜揽，手臂上挽着一个黯淡的柳条筐，筐子里摆满了一些小蒲包，分放着瓜子、花生、炒盐豆之类。又有炒白果的，在担子上铁锅爆着白果，一片铲子的声音。

**东关街的茶食店**

得先告诉他，才给你炒。炒得壳子爆了，露出黄亮的仁儿，铲在铁丝罩里送过来，又热又香。还有卖五香牛肉的，让他抓一些，摊在干荷叶上。"对于茶馆来说，这一方面给了小贩生存的场所，另一方面，也节省了自己雇佣点心师傅的钱。既厚道待人又对自己有好处，正是一个双赢的做法。

# 第六章　烹煎妙手属维扬

　　明清时期，扬州的厨师有家庖、外庖、行庖之分。据《扬州画舫录》载，大户人家的"奴仆善烹饪者，为家庖；以烹饪为傭赁者，为外庖。其自称曰厨子；称诸同辈曰厨行"。在酒船上为画舫服务的，称为行庖。紧接着又说："烹饪之技，家庖最胜。如吴一山炒豆腐，田雁门走炸鸡，江郑堂十样猪头，汪南溪拌鲟鳇，施胖子梨丝炒肉，张四回子全羊，汪银山没骨鱼，江文密蝤蛑饼，管大骨董汤、鲞鱼糊涂，孔切庵螃蟹面，文思和尚豆腐，小山和尚马鞍桥，风味皆臻绝胜。"在这里，李斗讲的其实有点不清楚，因为他所说的那些家庖明显不是奴仆之属。如果说李斗列出来的都是主人的名字，是主人家的奴仆善烹饪，也是讲不通的。因为文思和尚与小山和尚既不是奴仆，也不可能在庙里专门养个奴仆来做菜。事实上，扬州除了专职的厨师外，很多文人、商人也很喜欢做菜，并以此作为交际同好、同行的手段。现代扬州的职业厨师则分为冷菜、热菜、点心三类，各有专攻。但是传承扬州饮食文化的不仅是职业厨师，还有各样的业余爱好者和民间的土厨师。

# 一、文人雅厨

## ◎以学问入厨的吴一山

文人好吃也常擅入厨，生活在扬州的文人更多调鼎高手。清代仪征人吴楷，字一山，是《儒林外史》作者吴敬梓的族弟，曾在扬州著名学府梅花书院学习过。他文才很好，擅长小楷，诗词文赋无所不精，曾被召入京参加中书之试，受到了皇帝的赏赐。他非常好客，不过，他好客并不一味地请客人去酒楼，也不一味任由夫人下厨，他自己就做得一手好菜，尤其擅长做蛏螯饼、炒豆腐。

现在扬州已经很少看到蛏螯饼了，但是在古代扬州是盛产这个东西的。它是海中的一种贝，南通人称它叫文蛤，号称天下第一鲜，用它来做饼应该是没话说的。吴楷的蛏螯饼不仅在家里招待客人，还流传到了市面上，成为当时扬州比较有名的一种小吃。关于蛏螯饼，据《清稗类钞》的记载，是把蛏螯晒干，再加鸡汤煮烂，捞出捶烂，加面或虾泥做成饼，像做虾饼一样，放油锅中煎成，也可加作料烹制。《邗江三百吟》中说蛏螯饼的做法是"以面和碎切蛏螯，油煎为饼，味极鲜而美，

吴楷的墨竹图

亦入菜列",并有诗说:"作饼先挑面色高,冷冰冰手劈蚌螯。花斑玉洁浓浆和,知味还须问老饕。"这是用鲜蚌螯做成的。此外,他所做的炒豆腐也是一绝。清代李斗在《扬州画舫录》中称吴一山炒豆腐风味绝胜。炒豆腐与蚌螯饼都是很家常的菜,只能看出他善于烹调,看不出文才在烹调中有什么用。

五十多岁的吴一山娶妾,在招待亲朋的宴席上好好地吊了一回书袋。据记载,他给客人捧上了"肉笑靥"和"玉练槌"。好多研究扬州饮食的文章在这里常出现两个错误,一是说这是盐商研制出来的;二是说这是两种扬州名菜。把吴一山说成盐商显见不准确,说这是两种扬州名菜也是不对的。

先说"肉笑靥",这是宋代的一道名食,它的有名与秦桧有关。话说秦桧晚年,大肆迫害忠良,其中有一个叫赵汾的人被逮入狱。赵汾以为自己肯定活不了了,就嘱咐家人:"如果皇帝赦免我,你们就在送饭的食盒里放一个肉笑靥。"他在狱中苦熬了好久,一天忽然发现家人送来的食盒里全是肉笑靥!赵汾哭起来了:"我跟他约好的是送一个,现在送了这么多,一定是骗我的了。"一会儿,狱卒都来给他道贺,原来是秦桧死了,他的案子也撤了。这时候,他才明白家人为什么送这么多肉笑靥:秦桧死了,这可是一件大喜事啊!肉笑靥究竟是何等模样的食品?宋时有一种用油面做的点心叫"笑靥儿",或许与今天的点心"开口笑"相似。肉笑靥的命名不知是否与"笑靥儿"一样,如果是,那它应该是表面有裂口的、以肉为原料或馅料的食物,类似于肉丸子、肉包子、肉脯之类等。

再说"玉练槌",好多谈论扬州饮食的文章都把它当成一种食物,其实这是一款历史名酒,南北朝时已经有名,梁乐府中有"村酒柔情玉练槌"之句。自唐至宋,"玉练槌"升格成为宫廷御用酒,周密的《武林旧事》中有记载。吴一山用来待客的"玉练槌"是不是唐宋时的"玉练槌"呢?这个我们不得而知,但他既用这个名字,酒的质量应该是不会差的,他很有可能掌握了什么酿酒的密方,仿制出这一古代名酒。

吴一山读的书多,可能当时还有一些资料让他能够复制出"肉笑靥"和"玉练槌"来。这样在故纸堆里翻找美食并仿制出来,无疑是需要相当的学问做基础的,非吴一山这样的文士玩不出来。

据《扬州画舫录》记载,江藩会做"十样猪头"。江藩,字子屏,号郑堂,是扬州学派中大名鼎鼎的人物。其为人权奇倜傥,能走马夺槊。豪饮好客以至于家贫。一生遍游齐、晋、燕、赵、闽、粤、江、浙等地。他所做的十样猪头是不是也像吴一山的"肉笑靥""玉练槌"一样有来历?这个无人考证过。但猪头是中国人常用的食物,以他丰富的游历与学识,再加上扬州的扒烧整猪头名气极大,在这样的背景下,他做出来的"十样猪头",一定也是有些来历的。

◎**艺术家的庖厨之艺**

清代中期,浙江山阴一个姓施的画家寓居于扬州,因其体胖,人称"施胖子"。他在扬州以卖画谋生,画无论大小,皆索酬金三十金,因其善画美人,被人称为"施美人"。据《扬州画舫录》记载,这位施胖子善做梨丝炒肉,深受当时美食家的称赞。

吴砚耕先生在写生

近现代的扬州艺术家,依旧有着下厨的爱好,以其艺术气质,烹制出不同寻常的美味来。扬州的考古学家朱江先生,在其所著《扬州饮食随想录》一书中,以亲身经历,记下了这个艺术群体的庖厨之艺。朱先生所记之人,大多已经作古,即使有健在的,其调鼎之术,亦非一般人所能得见得尝。所以,征得朱先生同意,摘编部分内容于此,与读者诸君分享。

吴砚耕女士,生于 1909 年,是扬州国画院的画师,以画菊闻名于世。她不但以画见长,而且精于烹调;不但善画菊花,也善作"菊花火锅"。锅中所用都是白菊花,在《神仙传》中说白菊花服了可以成仙。菊花火锅制作要在秋高气爽之日。三五知己,对坐雅谈。吴砚耕师在座旁摆上盛开的菊花,墙上挂着菊花的画。享用这样的菊花火锅,过的就是神仙生活了。

菊花火锅不知创始者是谁,从这个创意来看,应该是像吴砚耕一样的有艺术气质的文人。制作方法却是非常简单:用一只紫铜火锅,锅里加鸡汤,再放入白菊花的花瓣。吃时将各种荤素食料投入,或煮或涮。在前面介绍汉代扬州饮食时,曾提到过铜染炉,应是席上烫煮食材所用。由此可见扬州火锅文化之不绝如缕。

吴砚耕还擅长做"鮰鱼鲞""炸肉干""酥野鸭""烧黄鱼",还有各种应时小吃。她做的鮰鱼鲞很有特点。在清明之前,选二寸宽的鮰鱼切成段,撒点细盐略腌一腌,待其晾干,下油锅稍煎嫩黄,放入碗中,在饭锅里蒸熟。其风味鲜美,迥异于市肆所常见的红烧清蒸之味。

李圣和女士,名惠,是扬州极有盛名的书画家、诗人。听说朱江先生在写《扬州饮食随想录》时,其中有"家庖妇厨"一章,特意楷书唐诗"三日入厨下",并由其女公子笔录夏令菜肴两品相赠。

李圣和师所做的"清汤虾仁豆腐",足见文人烹调的雅淡特点。用新鲜虾仁与豆腐一起烩,调味不过葱、姜、盐、胡椒粉,不用油,亦不用酱油,清清淡淡,最是炎炎夏日的无上佳品。圣和师另有一品"豆腐卷",也很别致。先将豆腐炒成豆腐松,然后将腌制过的咸香椿头、虾皮、葱末等配料加入,再用香油拌和成馅,铺在用面粉擀成的皮子上卷起,将两头捏紧,放在锅里烤熟,取出切成小段,即成豆腐卷。这样的豆腐卷用来佐粥,绝是佳品。今天扬州市上还有小贩做豆腐卷,完全是谋生手段,没有闲情雅趣在里面,当然也没有李圣和师所做出的那种味道。

张大千有一个拿手菜"鸡套鸽"。扬州前国画院院长、山水画名家江轸光先生曾效其法,烹"鸡套鸽"待客。朱江先生曾得亲尝,以为"味清醇而雅淡,似非人间烟火之食"。扬州旧有名菜"三套鸭",以家鸭、野鸭和鸽子套在一起炖成。两菜颇有相似之处,鸡鸽之味更为清鲜。现在鸡鸭多为笼养,生长周期短,也已经不是过去的味道了。

江轸光先生尝设宴,以鸡套鸽一品锅,辅以肴肉、凤尾鱼。酒为长白山干红,杯盘皆江西名产。酒过半巡,以砂锅上鸡套鸽。先尝鸽蛋,后食套鸽,最后吃鸡汤时,配上一小碗干拌面。一座皆扬州文化圈中名流,有浅刻名家黄汉侯、史学家陈达祚、鉴赏家蒋重山、考古学家朱江。

糟鱼也是江先生拿手的。所用之糟是醪糟,扬州人称为甜酒酿。所用的酒酿以香甜绵软为佳。腊月里,买来青鱼,整理干净,切成块,加盐腌制。然后在坛子里,铺一层酒酿,放一层腌鱼,如是放满为止。灌入麻油封口,等到来年二三月,即可食用。其味透鲜而醇,微咸而甜,兼有酒香。

山东王板哉,白石老人弟子,寓于扬州三十余年,是近代扬州著名的书画名家。他的庖厨之艺集鲁菜与淮扬菜两家的特点。他擅长做"茄鲞",不是《红楼梦》里的茄鲞,而是真正的咸鱼烧茄子。

其蒸法尤其适合家常。把茄子去皮,切成小方块,铺在碗里。茄子上放切成段的咸鱼。只加几滴油,蒸熟即成。家里在煮饭时,把这茄鲞放在饭上,饭熟时即菜熟时。烧法其实是白煮的。茄子切小方块,与咸鱼段一起放在锅中加水白煮而成。

板哉老做茄鲞用的咸鱼是"响鱼"。人们习惯上把产于海里的鲥鱼称"响鱼",但板哉老说,他所用的响鱼不是鲥鱼之在海者,区别在于,那种响鱼嘴尖,而他所用的响鱼嘴翘。

扬州浅刻名家黄汉侯在年逾七旬之后才开始入厨,烹饪之技居然也入胜境。黄老年轻时曾为金融家,府中有厨师专司食事,那时他只是一个美食家。晚年妻子病逝,幼孙相随,于是开始自为饮食。早年,邓拓曾经赠联曰:"舞刀开道路,泼墨见平生",说的是他浅刻技艺与为人的气节,所舞者刻刀,待其晚年入厨,舞弄的则是厨刀了。

黄先生擅长做"狮子头"。取肥瘦相间的猪五花肉,细切成丁,再粗粗斩一斩。然后加入葱、姜、盐调匀,用手抟成形,放在砂锅中用文火焖熟。黄先生做狮子头一定要选黑毛猪,不用花猪肉,更不用白皮洋猪,因为这些猪肉有腥味。肉皮与骨头也被他一起用在菜里，切成大小相宜的肉块，放在锅里，肉皮煮得像蹄筋一样腴美。黄先生所做的狮子头在吃的时候不用筷子，要用汤匙，足见其嫩度。

狮子头是扬州名菜，做得好的比比皆是，而且各有妙法。朱江先生曾任江苏烹饪研究所所长，见过的名厨作品不在少数，而对黄先生的狮子头大加称赏，可见其美味。黄先生做狮子头还讲究因时令而新，春天做春笋狮子头，秋天则做蟹粉狮子头。另外还有荷包鲫鱼、青椒酿肉、鲫鱼汤、鳜鱼汤等等拿手菜。每有佳肴，则邀朱江先生共尝。其乐也融融！

### ◎科学与艺术双修的学院派

烹饪是艺术，所以历来有厨艺之说。近现代以来，科学思想进入中国，烹饪又经如孙中山、蔡元培、钱学森等学界、政界巨擘推动，得窥科学之园地。前面已经介绍过近现代以来的烹饪教育状况，就是百年以来，烹饪由艺术而科学，进而融合发展的过程。在这一过程中，扬州大学旅游烹饪学院的教师正是其中杰出的代表。

从办学至今，经过几代教师不懈的探究，作为传统手工艺的烹饪技术变得不再神秘，不再是"口弗能言、志弗能喻"的那个状态，扬州大学的烹饪教师们开始用现代科学的方法来研究烹饪。2003 年，由深圳繁兴科技公司、上海交通大学、扬州大学等联合研制的自动烹饪机器人项目。经过多年的艰苦努力，世界上第一台中国烹饪机器人于 2007 年诞生了。它既是科技领域的一次突破，更是中国烹饪的一个里程碑。鉴定专家们认为该项目属国际首创，技术水平国际领先，属自主原始创新项目。该课题于 2007 年、2008 年分别获得国家 863 项目的立项，而总课题组的副组长就是扬州大学旅游烹饪学院的国家级烹饪大师周晓燕教授。该课题烹饪部分另外两位重要参与者张建军教授与唐建华教授也是扬州大学的，他们是现代学院派厨师的代表人物。

烹饪机器人项目的研究不仅解决了烹饪生产手工操作的现象，将厨师从烟熏火燎的生产环境中解放了，是实现绿色烹饪的突破性进展，更为中国传统技艺传播世界开辟了方向。中国工程院院士蔡鹤皋说："烹饪机器人主要有

烹饪机器人

几个特点：烹饪过程自动化、菜肴烹饪大师化、烹饪品种多样化、菜肴质量稳定化、营养结构科学化、供应链条严谨化。该机器人推向市场，特别是商业用途后，可解决我国快餐标准化、机械化的问题，其影响深远。"

参与机器人研究，对于厨师来说简直是一个奇迹，即使对于从事烹饪教育的学院派厨师，这也是一个负荷很重的工作。但是，翻看一下周晓燕教授及其团队的学术及厨艺历史，就会发现，取得这样的成就不是偶然。

周晓燕教授在厨艺界成名很早，在国内享有盛名，担任多家大型餐饮集团的发展顾问，担任多家烹饪院校的专业指导委员会专家组成员；在国外也有较高的知名度，是"世界中国烹饪联合会烹饪国际评委"，多次担任国际和国家烹饪大赛的评委。先后发表了《自动烹饪机器人锅具运动机构的设计原理》《烹饪机器人最佳划油工艺研究》《烹饪中油水传热温度变化及对里脊肉丝划油成熟度的影响》《影响狮子头口感的关键工艺标准研究》《烹饪中发酵脆皮糊的调配工艺优化》等研究性论文十余篇，且有一半发表在权威的学术期刊上。从这些论文的题目来看，人们已经很难把他与传统意义上的厨师等同起来了。

周晓燕先生与他的作品

## 二、寺院僧厨

### ◎素食的传统

在先秦时期,中国的素食往往与宗教祭祀联系在一起,没有成为独立的饮食体系。在这之外,一部分方士出于修炼长生的需要,也提倡素食。汉朝后期,中国道教基本成型,素食作为修炼的基本方法被广大的道士采用。东汉时,佛教传入我国并迅速地本土化。在本土化的过程中,佛教吸收了道教的一些修炼方法,其中就包括素食。早期传入中国的佛教并不禁止吃肉。后来,经南朝几代帝王的提倡,佛教素食才形成制度。这种与宗教活动有关的素食可称为宗教素食。

江淮地区宗教素食文化的记载最早出现于东汉末年。据《三国志》记载,汉末徐州牧陶谦有一个部将叫笮融,此人是一个佛教徒。但他与我们想象中的佛教徒不一样,陶谦派他总督广陵、彭城的运漕事务,他却在这一带"放纵擅杀,坐断三郡委输以自入"。得钱之后,他就去建非常豪华的寺庙,用铜铸佛像,并贴上金箔。他让所辖境内及周边郡县的好佛人在他的大庙里颂经传道,还经常开浴佛会。浴佛会时,在大路的两边设了长达数十里的酒席,来参加浴佛会并在这里吃饭的有近万人。当时的佛教还没有素食的规定,再参照笮融放纵擅杀的行径,其浴佛会上的食物很可能不完全是素食。笮融曾纵横江淮一带,他对佛教文化的推广一定会在扬州饮食文化中留下影响的。

对扬州素食影响最大的应是齐武帝与梁武帝。齐武帝一次病重,自以为不久于人世,于是发诏书安排后事。在诏书中,他要求在其死后,灵前不要用猪牛羊之类的动物来祭祀,只要安排一些茶果酒脯就行,而且要求"天下贵贱,咸同此制"。梁武帝更是亲自撰写了著名的《断酒肉文》,竭力反对食用酒肉,说出家人如果吃了酒肉,将会给家人与自身带来无数危害,有"无量恐怖"。他规定,如果国中僧尼"若复有饮酒啖肉不如法者,弟子(梁武帝自称)当依王法治问"。并且他还以身作则,从自己做起,绝不吃荤。除了对信徒的

梁武帝像

恐吓，梁武帝还从素食与养生的关系出发大讲特讲素食的好处，这可能是历史上第一次由皇帝出面来讲素食的养生功能。由于梁武帝的大力推广，佛教素食迅速在南朝得以普及，并成为定规影响后世。扬州是紧临都城的重镇，受其影响当然是比较早的。南朝四百八十寺，千年素食从此始。

日本和尚圆仁在《入唐求法巡礼行记》一书中记载了他在扬州所见的素食情况。公元838年至839年初，圆仁住在扬州开元寺，寺中素食之丰富给他留下了很深的印象。寺中日常饮食是很简单的，但是到年节之时，寺院与一些信徒会准备非常丰盛的饮食，招待前来参加寺院活动的人。比如公元838年的农历八月"廿九日，供寺里僧，百种惣集，以为周足，僧数百余"；十一月"廿七日，冬至之节。道俗各致礼贺。俗家、寺家各储希膳，百味惣集，随前人所乐，皆有贺节之辞。道俗同以三日为期，贺冬至节。此寺家变设三日供，百种惣集"；公元839年农历正月"十八日晓，供养药粥。斋时即供饭食，百种尽味。视听男女，不论昼夜，会集多数，兼于堂头，设斋供僧"。圆仁在书中也记载了他在五台山、长安等处佛会活动中的饮食情况，丰盛程度是扬州所不能比的，但我们今天看起来，扬州当年的素食已经很丰盛了。

明清时期，扬州佛教信徒甚众，他们不但自己吃斋念佛，还经常备下素食招待僧侣，称为"斋僧"。在这些信徒中，富家女流是出手最大方的，《邗江三百吟》说她们中"有不惜千金而供众僧一饱者"。

寺院的素食有两大类，一类是清素，一类是仿荤。所谓清素，食品的原料与名称都是素的；所谓仿荤，食品的原料是素的，但名称是荤的。扬州寺院的素食属于后一类。在扬州的素席上，你可以吃到狮子头、鱼圆、鱼片、虾仁、红烧肉等菜肴，形状、味道均绝似荤菜，但确实都是素的，如鱼圆是用豆浆做的、红烧肉是用冬瓜做的、鱼片和虾仁是用山药做的、狮子头是用豆腐皮土豆之类做的。所以人们评价扬州的素食"素有荤名、素有荤味、素有荤形，荤菜有一道，素菜就有一道"。

仿荤素食的历史可以上溯到南北朝梁武帝时，因为推崇佛教，而且梁武帝以一国之尊的身份写了《断酒肉文》，一时建康城里素食成风。当时，建业寺有一个僧厨是做素菜的高手，可以用瓜做出几十种菜来。一种菜能做出几十种味道来，这其中或许就是仿荤的素菜。仿荤素菜真正形成气候是唐宋时期。据《唐语林》记载，唐末名臣崔安潜镇守四川时，宴请部下诸司，一律用面粉和蒟蒻等材料做成仿豚肩、羊脯、脍炙的素菜，外观达到以假乱真的程度，开了后世"仿荤素菜"的先河。两宋时期的食谱中经常可以看到

小觉林是老扬州留下来的为数不多的素菜馆，经营的是传统的仿荤素菜

"假菜",即用一种原料替代另一种原料,但做出来的菜用的还是原来的名称,这样的假菜当中就有很多是仿荤的素菜。扬州的素菜很显然是继承了这一美食传统的。

◎ 寺院有名厨

文思和尚是扬州寺院里的第一名厨,这么说当然是有理由的。首先是他做的菜有名。文思和尚的饮食名作有二:甜浆粥与豆腐羹。豆浆粥是淮扬民间常见的食品,甜浆粥就是豆浆粥加了点糖。现在淮安地区还常吃豆浆粥,扬州城里吃豆浆粥的已经不多,知道文思和尚甜浆粥的就更少了。把一种普通的食物做成不同寻常的美味,文思和尚技艺可见不一般。豆腐羹的名气更大,在清朝时就被命名为文思豆腐。数一数中国的美食,以制作者来命名的不多,宋朝有东坡肉,元朝有云林鹅,清朝的就是文思豆腐了。文思和尚是天宁寺下院的名僧,精通文艺,常与诗人们唱和往来,交往的全是当时的社会精英。他的厨艺名气是建立在文艺名气之上的,对于他来说,厨艺正是风雅的一个组成部分。

文思豆腐

清帝南巡至扬州时，常常驻跸于天宁寺，一日三餐，有两餐在此用膳。所以天宁寺的僧厨技艺与菜肴的品味都是上上之选。《清稗类钞》记载，乾隆吃了天宁寺的素菜后，十分满意，赞道："蔬食殊可口，鹿脯、熊掌万万不及矣！"这其中就有文思豆腐。《扬州画舫录》记载的"满汉席"食单中也有文思豆腐，可见它深受皇帝的喜爱。乾隆皇帝向地方官员询问得知，这美味的文思豆腐只需三十文钱，于是下令以后御膳房中也要常备，就这样，文思豆腐成了清宫御膳。后来乾隆帝偶然得知，在扬州价值三十文钱的豆腐，御厨竟然开出了十二两纹银的天价！内府官员的解释是："南方之物，不易至北，故价值悬绝如此。"

瘦西湖五亭桥对面的法海寺，在清代是香火很盛的大寺院，僧厨素食极有名。清宣统己酉年夏天，名士林重夫游法海寺，在这里品尝了各式素食素点，叹为精美。法海寺后来逐渐荒废。1986年，我游瘦西湖时，这里的素菜馆还在。当时，我对扬州饮食一无所知，在这里点了一个炒鱼片，吃的时候发现是用土豆做的。出门时仔细看了一下门额，才知是一家素菜馆。如今这里伽蓝重修，僧厨美食大概也应恢复吧。

上面说的是大寺院。小寺院的饮食比较简单，但一样也有美味。清朝中期，扬州定慧庵僧人，能将木耳煨得有二分厚，香菇煨得有三分厚，美味名扬一时。定慧庵的素面也是一绝，其面汤是用蘑菇熬汁再加笋汤熬汁制成，至于具体方法，寺僧秘而不宣，因此有人猜测是偷偷加了虾汁的。朱江先生去邗江公道镇的柏树庵查学，正赶上饭点。庵里老师太就在菜园中摘了自种的大椒毛豆，炒成一盘。朱江先生后来在《扬州饮食随想录》中说："其味之鲜，竟然使人有出世之想。"袁枚说过美食戒停顿，这大椒炒毛豆旋摘旋炒，其新鲜滋味当然是平常人家吃不到的。

近代扬州名厨丁万谷的弟子杨凤朝是一位素菜高手，因为长期在素菜馆供职，所以在行业里有大和尚的外号，其实他本人并不曾出家。他曾在小觉林素菜馆任主厨，后来是大明寺素菜馆掌勺的大师傅。他擅长的素菜品种有罗汉大全、素炒蟹粉、松肥涨蛋、栖灵烤鸭、素鱼翅、素火腿、素鱼圆、三鲜海参等等。素蟹粉是用土豆、香菇、胡萝卜做的,色香味形都绝似炒蟹粉。我曾见过他做素鱼圆,用热腾腾的豆浆,冲入淀粉搅匀,然后用手挤成圆子,挤的时候豆浆还是烫的。今杨师傅仙逝已久,其素食美味只可怀想了。小觉林素菜馆,原在老教场,解放后迁到广陵路,现在仍在经营。小觉林的素杂烩颇有名,以至于直到今天,扬州市民还把杂烩称为杂素。

◎ **意外的美味**

寺院本是修行的地方,讲究饮食本来就让人觉得有点小意外,如果端出来的还是荤菜那当然更意外了。扬州名菜"扒烧整猪头"传说就是出自僧厨之手。清代金农有一首题画诗:"夜打春雷第一声,雨后新笋欲棱棱。买来配煮花猪肉,不问厨娘问老僧。"老僧竟然比专职的厨娘更了解烧猪肉的诀窍。

金农所请教的老僧不知在何寺院出家,我们现在知道的以烧猪肉闻名的是法海寺,扒烧整猪头据说就是出自该寺院僧厨之手。朱自清在《扬州的夏日》一文中说法海寺有两样出名的,一是白塔,另一就是烧猪头。还说烧猪头在夏天"挥汗吃着,倒也不坏的"。黄鼎铭的《望江南百调》词云:"扬州好,法海寺闲游。湖上虚堂开对岸,水边团塔映中流。留客烂猪头。"可见当时法海寺的猪头已经非常有名。

徐珂在《清稗类钞》中记载了一个法海寺以烧猪头留客的故事。宣统年间,李淡吾来到法海寺游玩,寺僧以盛筵招待,八大碗八小碗,完全就是酒楼的做派,而且咄嗟立办。席上就有整猪头,"味绝浓厚,清洁无比"。吃这样的猪头,在全席的费用之外,还要另给四块银元作小费。这次大快朵颐,让李淡吾印象深刻。一年之后,他碰到友人林重夫,说起这件旧事,还觉得齿有余香,津津有味。

扬州以烧猪头闻名的不止法海寺,在法海寺之后,扬州湖心律寺(即小金山)的僧厨也以烧猪头而闻名。湖心律寺僧厨烧猪头又别有妙法,多是从市上熏烧店买来熟猪头,然后二次加工而成。熏烧店的猪头肉本来已经脱尽油腻,再经僧厨加料烹煮,自然回味无穷,而且可以随时应客。法海寺的烧猪头

则需要预订。建国
初期，苏北博物馆有
一位厨师，姓陶，擅
做烧猪头。这位陶
师傅曾是湖心律寺
的住持，后来还俗，
做了博物馆的专职
炊事员。后因苏南、
苏北博物馆的合并，
调去苏州任江苏博

扒烧整猪头

物馆的炊事员，直至年迈退休。朱江先生任苏北博物馆革命文物部主任时，曾
亲尝陶师傅的烧猪头。

　　《扬州画舫录》中有一位与文思和尚齐名的僧厨叫小山和尚，他擅长烹制
"烧马鞍桥"。这是淮安长鱼席中的名菜，是用黄鳝与猪肉一同烹制而成。吃
到小山和尚亲烹的"马鞍桥"可不是一般的口福。林苏门曾有一首诗写道："藏
时本与鼋为族，烹出偏从马得名。解释年来弹铗感，当筵翻动据鞍情。"不知
诗人是在何处尝到这样的美味。

　　寺院杀生食肉并非扬州独有。清时，杭州、北京等地也有寺院杀生烹饪
的情况。无锡石狮子庵有一位尼姑善烹饪，她的名菜是用一只冰纹古碗蒸的
鸭，名为石鸭。往前追溯的话，宋代名僧佛印驻锡金山寺时，也曾以烧猪款待
苏东坡。现代作家、高邮籍的汪曾祺先生，在小说《受戒》中也写了乡间和尚
庙里过年杀猪的事。可见吃肉与否跟寺院所在地的经济状况也无关系。

　　寺院的美食在小说中也有反映。《广陵潮》第九回有一段写"白衣送子
观音庵"的住持灵修请贺夫人吃饭：灵修道："说话说多了，我倒忘却让菜，夫
人请呀，请用一块火腿。大奶奶请呀，请用一角皮蛋。少爷小姐你们不用客气
呀，鸡子鸭子，随意吃的呀。"贺夫人大惊，说："我说过是吃斋呀，如何有这许
多荤菜？"曹奶奶笑道："夫人，你不要睬她，她全是素菜，假做成这些名色的。"

贺夫人笑道："真正有趣,你看不全像真的么。"其实这灵修女尼的素菜并不全是素的。她在留贺夫人吃饭的时候,悄悄吩咐小徒弟,让做菜的王厨子拣笼里的肥鸡宰了煨一锅汤,又要多放些虾籽。用这样的荤汤做出来的素菜能有不好吃的么!据朱江先生推测,这"白衣送子观音庵"很可能是扬州传闻已久的"吉祥庵"。1949年后,不少吉祥庵的尼姑转入法海寺素菜馆,后在"十年动乱"中被遣散,许多擅长厨艺的尼姑不知老死何处。

佛教在传入中国之初原可以吃"三净肉"。所谓三净,是指不见、不闻、不疑,即没有见到这生物被杀,不是听到某家杀生才去化斋的,施主杀生也不是为了招待僧侣。本来嘛,僧侣不事生产,托钵化缘,就是遇啥吃啥。自梁武帝以后,吃素渐成佛门规矩。唐朝还特意颁布法令禁止和尚吃肉。但是佛教禅宗在进入宋代以后迅速地世俗化,把平常生活与禅修联系起来,这可能是和尚杀生吃荤的一个重要原因。

扬州民间道教很流行,道士中也不乏烹饪好手。抗日战争前,江都县仙女庙土山上有个玉皇阁,当家的道士擅长做"整炖活甲鱼"。此菜是古代流传下来的。把甲鱼养在清水缸里,不喂食,每日换水。一个月后,甲鱼肠肚皆空。然后放入盛着清水的锅中,盖上锅盖,锅盖上钻一个比甲鱼头略大的孔。用缓火加热,甲鱼耐不住热,会把头伸出孔外,张口解热。此时用小匙盛调料喂甲鱼,二十多分钟后,再大火把甲鱼煮死炖烂。据说好些和尚也擅长此味。和尚讲因果,如此酷虐的菜肴也会去做去吃,真让人感慨佛教的沉沦。道士不讲因果,比和尚要少些心理负担,但也不能就吃得心安理得吧。

## 三、市肆名厨

### ◎ 市上名传萧美人

明清以来,扬州名厨见诸文字的,最有名者当数萧美人。在萧美人之后,扬州还有一位美女厨师,身份神秘,时人传说她是太平军某王的小妾。由于这个缘故,这位美女厨师一直很低调地做生意,没有像萧美人那样的名气。让萧美人名声大噪的人是袁枚。袁枚是清代著名的诗人、学者,还是一位美食家。

他所写的《随园食单》是当时美食文化集大成的著作，至今还是专业厨师的从业宝典。

据袁枚在《随园食单》中所说，这个美貌的萧姓女厨在仪征的南门外开了一家点心铺子。袁枚没有说萧美人如何的美貌，只说她做的点心"小巧可爱，洁白如雪"。袁枚是一个美食家，对这位美女所做的美点一见倾心，一往情深。乾隆五十二年，袁枚已经七十多岁了，他特意请人到萧美人的点心铺子订购了3000只8种花色的、由萧美人亲手制作的点心，带到南京分赠亲朋好友，其中有1000只送给了江苏巡抚奇丰额。为了记下这件盛事，画家尤阴画了一幅《随园馈节图》，诗人赵翼等名流为此写诗多首。有人说她做的点心可与唐代名点红绫饼相媲美："红绫捧出饶风味，可知真州独擅长。"也有人说她做的糕点贵比黄金。这一举动使得萧美人名声大振，用今天的眼光来看，这是一次相当成功的广告。诗人吴煊在诗中写道："妙手纤纤和粉匀，搓酥糁拌擅奇珍。自从香到江南日，市上名传萧美人。"萧美人能一下做出3000件点心来，可见经营规模是相当可观的，也可见她不是一个人在做，手下应该有一批技艺出众的点心师。

扬州饮食在清代比较喜欢做得大些，比如盛"三鲜大连"的面碗像个小盆一样，肉圆因为大而称狮子头，烧猪头讲究整扒的，著名的三丁包子则称为三丁大包。相比之下，萧美人做的点心"小巧可爱"就有些另类了。或许有一种可能，这位萧美人是从大户人家流落出来的，身份则可能是厨娘，可能是侍妾。精美而另类，再加上人本身又长得美貌，这使萧美人点心的来历透着一股神秘优雅的气质，想不走红都难呢。

把萧美人点心介绍给袁枚的是住在仪征的名士"吟香居士"，袁枚曾经在仪征与他剪烛谈诗。后来帮袁枚代购点心的也是这位吟香居士。袁枚有《萧美人糕》诗："说饼佳人旧姓萧，良朋代购寄江皋。风回似采三山药，芹献刚题九日糕。洗手已闻房老退，传笺忽被贵人褒。转愁此后真州过，宋嫂鱼羹价益高。"诗末用担心的口吻说，萧美人的点心出名了，恐怕也会像南宋时宋高宗尝过的宋嫂鱼羹那样涨价吧。袁枚经常来往扬州、仪征，对做点心的萧美人应该是比较熟悉的,所以后来会把她写到《随园食单》里去。

据《真州竹枝词引》说当年萧美人在仪征卖的是重阳糕。在萧美人之后,仪征城里河西街的糕点店里还在卖小菊花糕,"糕上插红绿纸旗,谓之重阳旗,像生店制小亭,有数只面捏小羊,站立其间,谓之重阳台"。这菊花糕的创制者就是萧美人。

台湾作家李碧华把萧美人与袁枚敷演成一段动人的故事——《最后一块菊花糕》。在故事里,"萧美人"的称呼还是袁枚与之调笑时起的。在故事里,袁枚要求萧美人做一个从来没做过,他自己也从来没吃过的点心,还给这点心先起了名字,叫"人生几度秋凉"。故事里的袁枚已是人生暮年,故事里的时间也正是秋凉深重,萧美人把这点心做成了一块菊花糕,这成了袁枚吃到的最后一块萧美人点心。

现在,扬州的厨行里已经找不到萧美人的痕迹了,但扬州的点心师继承了她精致优雅的风格,扬派点心成为与京派、苏派、广派并列的著名流派之一。

◎ **驼子先生高乃超**

高乃超是扬州晚清至民国时最为著名的饮食店"惜馀春"的老板。高乃超是福建人,他的父亲在两淮盐运司做事,高乃超于是跟着来到扬州,但一直没得到公职,于是自谋生计。一开始,他不是开饭店的,而是在扬州最繁华的教场摆了个留声机,招人来听,每客收铜子二枚。十多天就赚了数十千钱,于是在教场租了间店面,开了一家"可可居"酒肆。高乃超很会选地址,可可居位于教场的中心地区,其前身是有百年历史的怡亭茶社旧址。

高乃超是一位非常敦厚的人,骎骎焉有古君子风。他开可可居时,资金还是比较雄厚的,对来客赊欠往往不很追究。结果,终因资金不能收回而歇业。高乃超是个闲不住的人,又在可可居附近开了间小规模的面馆,就是后来大名鼎鼎的"惜馀春"。

高乃超大概是将"雅"与"厨"结合得最好的一个人。他是扬州文人社团"冶春后社"中人,平时爱好吟诗,他的酒肆往往是这些雅客们聚集的地方,这些在前面章节里曾介绍过。每天早晨,高乃超坐在柜上一边剥虾仁,一边与客人下棋,同时还吟诗完成诗社的作业,手脑并用,习以为常。杜召棠先生写了一首诗与他打趣:"手剥虾仁且着棋,胸中犹自苦吟诗。得来佳句瞒人写,此是驼翁极乐时。"高乃超曾以扬州俗语入诗,作七律近百首,传诵一时。主人的性情常会对员工有所影响。酒保胡三,在惜馀春工作多年,受座上雅客的影响,也能吟哦一两首短章绝句。平时工作,他常自己一个人高声吟咏,音调合乎诗韵格律,不了解的人还真的以为他总在作诗呢。

高乃超不止会作诗、下棋、剥虾仁,也很会做菜,很了解客人的消费心理。据杜召棠的《惜馀春轶事》及其他一些回忆惜馀春的诗文记载,扬州的"翡翠烧卖""千层油糕"都出自高乃超的创作,这两样点心现在还是扬州数得上的名品。汤公亮在《赠高乃超》诗中写道:"诗联旧雨兼新雨,食有鱼松更肉松。"鱼松、肉松本是南方美食,不是扬州厨师的擅长,而高乃超的家乡福建正是多产鱼松、肉松的地方。诗人搞壶碟会(谐音蝴蝶会)时,每个人带一壶酒一碟菜,高乃超带去的菜总是最先被消灭掉。刘桂华在诗中说他:"食谱花样新,器涤相如净。"又说他"亲执庖厨味可珍",可见他的厨艺水平是相当高超的。高乃超的妻子也很会做菜,也常下厨为那些文人雅士烹调美味。

高乃超开惜馀春,大半是因为他喜欢与那群文人朋友诗酒酬唱。文人大多没什么钱,所以他的菜售价很便宜,比如惜馀春很受欢迎的"辣椒酱"每碟只卖两个铜子,有时候一个铜子也卖。洪为法在《惜馀春三记》中说,高乃超的小酒肆里常常会搞一些

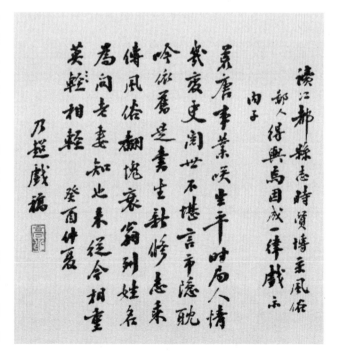

高乃超手迹

征诗、征联、征诗钟、猜谜的活动,有时还会张贴征求的结果与奖品分配的办法,"谈到奖品,也很典雅别致。可以第一名是茶一壶、面一碗;第二名是茶一壶、干丝一碗;第三名是茶一壶;第四名以下是信封几只、信纸几张。因此,这里风雅的气氛很是浓厚,那些着短衫,肚里缺少黑墨水的人们,都像自惭形秽的不敢走进去了。"孔庆镕在《心向往斋谜话》中说,他曾在惜馀春猜中两条谜语,高乃超"笑容可掬,左手捧瓜子一盘,右手持玫瑰酒一觞"作为奖品奉上。

董玉书在《芜城怀旧录》中说"高乃超开店,其志不在谋重利,而在结文字缘"。应该是知己之评。但正如俗语所云:"人不理财,财也不理人。"高乃超曾因食客赊账而关掉了可可居,惜馀春依旧因他的这一做法而积累了一大笔无法收回的欠账。1933 年,高乃超因病卒于扬州,时年六十一岁,葬于北门外小茅山旁。高乃超死后,店里的一套账簿居然有三千多吊钱无处追索。

### ◎市肆名厨走四方

上个世纪五十年代,上海出现了一家影响很大的私家厨房,主营扬州菜点。这个私家厨房的主人姓莫,因为厨房缴税的税单上开的是莫有财的名字,所以被人称为莫有财厨房。

民国初年,江苏江都人莫德骏在其父影响下,自幼嗜好烹调技艺。1943 年,由好友引荐去青岛庖厨,后辗转来到上海,从事他的拿手绝活扬州

莫有财亲临扬州饭店

人之一——莫有财老先生昨来临扬州饭店指导年轻一代扬州菜肴制作技巧并一起探讨扬州菜的发展。

扬州饭店的前身"莫有财厨房"的创始

2007年7月6日

莫有财照片

菜,与他一起去的还有他的三个儿子老大莫有庚、老二莫有财、老三莫有源。莫氏父子擅制各色扬州菜肴和点心,且切、配、烧、雕刻样样精通。莫有源兄弟三人得到其父真传,民国时便已经在上海滩崭露头角。1949 年后,在荣毅仁先生的鼎力支持

下,莫氏父子在上海开设了私家厨房,经营扬州风味菜肴,很快在上海闯出了名头。由于莫氏厨房经由莫有财出面交税,税单上面开的是莫有财的名字,所以莫氏厨房被人们称为莫有财厨房。上世纪五六十年代,莫有财厨房先后接待了陈毅、毛泽东、李富春、董必武、陈叔通等党和国家领导人,以及金日成等外国元首。

1988 年,莫家菜艺术代表团首次走出国门,赴新加坡、香港等地进行技术表演。在新加坡良木园大酒店,新加坡总理王鼎昌慕名前来品尝并对莫家菜大加赞赏。新加坡国家电视台还专门请莫有财大师制作莫家菜,这在新加坡是空前未有的。1995 年,中国管理科学研究院上海分院为了完整保留莫家菜艺术特点,专门成立了莫家菜研究中心。

光绪二十八年,扬州名厨王钰在扬州辕门桥西的多子街开了一家饭店——"景扬楼"。"景扬楼"的名字,出自"景以文传,文以景扬",含有弘大扬州文化之意。王钰的先人据说在清宫里做过御厨,手艺极佳,所以王家的厨艺也算是家学渊源了。1958 年,景扬楼响应国家号召,为支援西北迁至兰州。一批淮扬菜名厨也随之迁往西北,从此它就扎根于大西北,成为淮扬菜的西北重镇。

清朝末年,扬州经济衰落,众多的扬州厨师远走他乡谋生,他们多栖身于各地的扬州馆子。在中国的各大城市中,北京、南京、上海三地的扬州馆子最多,上海的扬州馆子又比南北二京更多些。著名的有九华楼,晚清朱文炳有《海上竹枝词》:"扬州馆子九华楼,楼上房间各自由。只有锅巴汤最好,侵晨饺面也兼优。"此外还有大吉春、半仙居等等。上海最有名的扬州馆子,叫做"半斋",或者"老半斋",许多民国小说里都提到它。如《人间地狱》第二十二回说:"你不是喜欢叫'半斋'的扬州菜吗? 我们就叫几样扬州菜吧!"《情海春潮》第三十一回说:"一清早正在'半斋'请客,请的是一碗咸菜蹄子面,一盆拌干丝,四两白玫瑰。"

# 四、美酒佳肴

## ◎扬州云液却如酥

作为鱼米之乡,扬州从来就不缺少酿酒的原料。早在宋朝时,这里的酿酒业就很发达。两宋之间,朝廷南渡,在扬州暂歇时,曾大规模发展酿酒业,征收酒税以补国家经济的亏空。酿酒业发达,酒的品种也就多,质量也就好,著名的品种有琼花露、百桃、真州花露、玉友酒等。玉友酒是宋代名酒,宋人叶梦得将它和南北朝时刘白堕所酿的名酒相比。据说刘白堕酿的酒即使于盛夏时曝晒于太阳下十几天都不会坏,这玉友酒也有这种品质。北宋的苏东坡及南宋的陆游都欣赏扬州的云液酒,苏东坡有诗称道:"扬州云液却如酥。"元朝萨都剌在《葡萄酒美鲥鱼味肥赋葡萄歌》一诗中写道:"扬州美酒天下无,小槽夜走葡萄珠。金盘露滑碎白玉,银瓮水暖浮黄酥。"诗中所说的葡萄酒从西汉以后就一直是西北地区的名酒,东南地区少见用葡萄来酿酒的记载。元代的扬州可以酿造葡萄酒,并被诗人夸称"扬州美酒天下无",可见扬州所酿的葡萄酒风味之美。

明清时期,扬州的酒业有了新的发展,市面上常见的酒有通州雪酒、菖蒲酒、佛手柑酒、羊羔酒、珍珠酒、冬青酒、豨签酒、绿罗春、秋露白、记光春、三白酒、归元酒、蜜酒、橘绿酒、史国公酒、老虎油、锅巴酒、冰糖三花酒、女贞酒、真乙酒、乌金黑糯酒、泰州枯、陈老枯、高邮木瓜酒、五加皮、宝应乔家白。这些都是扬州及其周边地区所产,也是扬州最受欢迎的名酒。乾隆以后,绍兴黄酒、镇江百花酒在扬州也很受人欢迎。扬州人有时会把木瓜与百花两种酒调在一起,称为"瓜花"。此外,还有高粱烧等次一等的酒。晚清以后,扬州的木瓜酒逐渐衰落,少人问津。

史国公酒是明清时著名的药酒,主要产于江西,现在江西还有史国公酒生产。戏剧《胭脂宝褶》《双背凳》中有一个关于此酒的滑稽段子。剧中永乐帝让闵江报酒名,闵江报曰:"金盘露、银盘露、状元红、史国公。"永乐就问:"什么叫史国公啊?"闵江答:"您瞧,打它二两酒,搁着马桶这么一熏,这就叫史国公！"永乐说："这味儿可冲啊！"这段子想必是当时剧作者拿史国公酒开涮才这么写的。

酿酒人家在三伏天时开始做曲，扬州的酒曲有米曲和麦曲两种。立冬以后煮瓜米和曲，称之为"起醅"，酒酿成称为"醅酒"。所谓"瓜米"是指糯稻碾了五次的米，如果是碾了九次的就称为"茶米"。瓜米用来酿酒，茶米用来做糕团。瓜米也称酒米，之所以称瓜米，是因为这种米可用来酿木瓜酒。曲不同，酿出来的酒风味也不同，米曲酒味甘甜，麦曲酒味苦烈。米曲酿的酒称为"米烧"，麦曲酿的酒称为"麦烧"，还有从醅酒糟中蒸出的酒，称为"糟烧"。没有蒸的烧酒称为"酒娘儿"，也就是现在所说的"酒酿"。把"酒娘儿"与泉水、烧酒一起兑匀，则称为"烧蜜

钟馗饮酒图

酒"。高粱、荞麦、绿豆都可以做酒，这些酒往往就以原料来命名。一般扬州城外的农村多酿这类酒，酿成以后再卖到城中。秋收以后，乡间还常有新酿的时酒，称为"红梅酒"，也叫"生酒"。把一斤生酒兑上半斤烧酒，称为"火对"；兑二两烧酒，称为筛儿；生酒、烧酒、醅酒均匀兑成的，称为"木三对"。每年八月，红梅酒酿成时，酒肆里都要挑个好日子贴出广告，这叫"开生"，买这种生酒就叫"尝生"。一直卖到来年二月份截止，称为"剪生"。

卖酒人用竹制的勺子来量酒，勺子的容量从一两直到一斤都有。酒肆

里收钱的是掌柜,烫酒的称为"酒把持"。客人先到掌柜那里交了钱,然后掌柜在柜台里对着酒把持拉长声调报出筛酒的份量,酒把持也一样拉长了声音回答他。这一唱一答的曲调每日回响在酒肆里,天长日久也就形成了自己的风格,以致买酒的人一下子分辨不出他们在说些什么。来酒肆买酒的人常有喝柜台酒的。这时,酒肆里会有专为客人准备的烫蒲包豆腐干,称为"旱团鱼"。

扬州酒坊最有名的是戴氏,人称"戴蛮",估计是个南方人。其次是本地人周氏,周氏行六,他的酒坊被称为"周六槽坊"。这两家都是卖木瓜酒的。当时扬州酒风很盛,生意好做,有丹徒郭氏,家族中的郭晋官至中书,郭晋的弟弟也是个斯文的读书人,他们家在扬州开了家酒坊叫"郭盛泰"。风景线上生意最好的一家酒坊大概要数位于虹桥码头的跨红阁了,行人上桥、下桥都会经过酒坊的门前。后来,跨红阁成为官园,但还是让园丁在这里卖酒为业。白天的时候,阁外挂酒旗,夜晚则悬灯笼。瘦西湖中四桥烟雨附近曾有一个小园子叫"金粟庵",园中产一种特别风雅的酒。金粟庵中多桂花,每年八月,园中花落如雨,园丁就把落在地上的花扫起来,蒸成桂花油。夏天的时候,将桂花油与蜂蜜一起煎熬十二个时辰,可以得到清馥甘美的桂膏。把桂膏装入酒瓶中,在蒸饭的时候稍稍蒸一下,称为桂酒。《红楼梦》中有一种酒叫"玫瑰露",其做法大概与扬州的桂酒差不多。

今天的扬州酒业远没有清代的盛况,本地酒以啤酒为主。在上世纪八十年代前后,有三泰啤酒、瘦西湖啤酒、中丹啤酒、中丹青啤。1980年,扬州五泉酒厂借鉴史籍,以大明寺五泉水为酿酒之水,研酿出古代名酒"琼花露",一时名闻全国,行销海外。1981年5月14日,香港《晶报》载文赞"琼花露"具有色泽柔和、味醇可口、灵芝奇香之特色,有健胃强身、延年益寿之奇效。但今天已不见琼花露的踪影了。近二十年来,扬州的餐饮业日益发达,连带着卖酒的也多起来了。比较受欢迎的有洋河系列、今世缘、珍宝坊、古川酒等等,茅台酒、五粮液、剑南春之类的高级白酒也有,但价格不是一般市民可以接受的。近来喝葡萄酒的人也日益增加,大多数人是冲着葡萄酒的保健功能去的。

◎**扬州蛋炒饭**

现代扬州美食名声之响无过于扬州炒饭者,许多在海外开餐馆的华人几乎没有不卖扬州炒饭的,港片《英雄本色》中小马哥在美国开的餐馆就有扬州炒饭。甚至对于一些外国人来说,知道扬州炒饭远在知道扬州之前。它是中国式快餐的代表之一。但是这些标名为"扬州炒饭"的扬州炒饭,其实并非真正的扬州炒饭,应该是从扬州传过去以后的变种。在扬州炒饭流传过程中的功臣是厨师。清朝中后期,随着扬州经济的衰退,很多扬州厨师不得不远走他乡去谋生,扬州炒饭应该就是这一时期传遍全国乃至世界各地的。

关于扬州炒饭的来历,有一种说法是来自于隋朝越国公杨素爱吃的"碎金饭"。据《清异录》所摘抄隋代谢讽的《食经》记载,越国公杨素爱吃"碎金饭"。关于"碎金饭"的做法,《食经》语焉不详。学者们认为这很有可能是蛋炒饭,可能在隋炀帝杨广下扬州的时候,碎金饭由杨广的御厨们一起传到了扬州。江淮一带自古以来就是以稻米为主食的,这样就经常会出现米饭吃剩的情况。因此,炒饭只是人们热剩饭时采用的一种方法。在这

扬州炒饭

一带,炒饭是普遍存在的,只是不一定放鸡蛋,家里比较穷的,用点油来炒炒就很不错了。像扬州炒饭这样精致的做法,一定是在经济条件比较好的地方才会出现的。

扬州炒饭真的很精致,而且品种丰富。有什锦蛋炒饭、青菜炒饭、虾仁炒饭、肉丝炒饭等。什锦蛋炒饭是扬州炒饭中最具代表性的。其配料除了鸡蛋,还有海参、鸡丁、火腿、鸭肫、虾仁、冬菇、冬笋、青豆、猪肉、干贝等,可说是扬州炒饭的精华了。什锦蛋炒饭原来没有一定的配方。2005年,市质量技术监督局、卫生局、商贸局以及扬州大学的专家学者们对蛋炒饭的诸多指标进行了严谨详细的研究论证。至此,扬州什锦蛋炒饭有了被广泛认可的标准,有了走向工业化生产的可能。虽然有了标准,但不等于谁都可以做好蛋炒饭,其中有一些重要的技术活。一是煮饭,米要选籼米,淘米时要将米略浸一下,煮时沸水下米,先武火煮至米涨伸腰,改文火使饭逐渐干汤,再焖至光泽莹润,离火后用饭勺打散呈颗粒状,使米饭不粘结;二是炒饭,用旺火,但不能将米饭炒焦,炒的时候不停地翻锅。在饭店里,炒饭不仅是个技术活,也是个力气活。操作时常常是五份、十份一锅炒出来,硕大的炒锅在厨师手中旋转翻动个不停,臂力差点的根本不能胜任。炒好的米饭一颗颗光润莹洁,绝无粘连现象,口感软硬润燥适度。"金裹银"是扬州炒饭中的高难度品种,传说慈禧太后最爱吃"金裹银"的扬州炒饭了。炒时要将蛋液均匀地包裹在米饭上,颗粒分明,色似炸金,每一粒炒饭都必须裹匀。扬州蛋炒饭简直就是一门"饭的艺术"!

在扬州,蛋炒饭不仅是解饥的食物,更是考究美食艺术的超级试卷。据说从前的大户人家考验前来应聘的厨师,并不看他操刀山珍海味大鱼大肉,而是一碗蛋炒饭高下立判。对于现在的饭店来说也是如此,一个饭店如果连蛋炒饭都做不好,人们对其菜肴的质量就要掂量掂量了。

台湾歌手庾澄庆有一首《蛋炒饭》歌,可是扬州炒饭的招牌歌哦!食客可以一边听歌一边吃饭,厨师可以一边听歌一边炒饭。歌曰:"屈指一算这满汉楼,我已经待了三年半。每天挑水劈柴可没偷懒,端盘子扫地洗碗我可勤快。

师傅说我是块料儿,传授我中国菜的精髓所在。日日苦练夜夜苦练,基本功不曾间断。到现在我的刀法精湛,三两肉飞快我已铺满一大盘;到现在我的手劲儿实在,铁锅甩十斤小石子在锅里翻。师傅说能不能出师要过他那关,他叫我炒一盘——嘎! 蛋炒饭。嘿蛋炒饭最简单也最困难,饭要粒粒分开还要沾着蛋;嘿蛋炒饭最简单也最困难,铁锅翻不够快保证砸了招牌;嘿蛋炒饭最简单也最困难,这题目太刁难可我手艺并非泛泛;嘿蛋炒饭最简单也最困难,中国五千年火的艺术就在这一盘! 满汉楼里高手云集,放眼中国享誉盛名,传至我辈精益求精,若非庖丁无人可比! ”

如今,扬州蛋炒饭的制作工艺已经标准化了。对此,业界人士褒贬不一。赞成者认为,自此以后,扬州蛋炒饭的质量得到了保证;反对者以为,蛋炒饭本就是民间作品,标准化以后,那些不标谁的蛋炒饭就不能冠以扬州蛋炒饭的名字了? 如此一来,对扬州蛋炒饭的创新与改良会不会受到抑制? 不管如何,扬州蛋炒饭的名声在这争议中变得越来越响倒是事实。2008 年的奥运会与 2010 年的世博会上,扬州蛋炒饭都是最受人欢迎的美食,而它的制作者是来自于扬州大学烹饪专业的学生。

## ◎狮子头

狮子头是大肉圆,因为个儿大,所以夸张了说是狮子头。扬州菜名气大的数三头,另外两头是拆烩鲢鱼头和扒烧整猪头。拆烩鲢鱼头与扒烧整猪头都是屠龙之技,不仅家里做不来,就是一般的厨师也不一定做得好。狮子头则不然,扬州人家,鲜有不会做狮子头的。

扬州人从什么时候开始做狮子头这道菜的? 这还真说不清楚。唐代韦巨源的《烧尾宴食单》中有“汤浴绣丸”一味,是用肉糜所制。从菜名来看,这肉糜制成的绣丸是在开水中煮熟的。此菜可能是目前所能见到的最早的肉丸子了。《调鼎集》一书中有一种叫“绣球肉”的肉圆,有可能与汤浴绣丸的做法差不多,可惜书中也没有记下制作方法。考虑到晚唐动乱时,中原的大家族曾大量南迁,或有可能是那时传来扬州。

明清时期,扬州人不仅会做肉丸子,而且做出来的品种极其丰富。在《调鼎集》一书中出现的肉丸子有杨梅肉圆、脍肉圆、八宝肉圆、煎肉圆、如意圆、空心肉圆、水龙子、猪油肉圆、徽州肉圆、米粉圆、徽州芝麻圆、糯米肉圆、大𩰪肉圆、绣球肉圆、水晶肉圆、红烧肉圆、荔枝肉圆等等。这么多肉圆有相当一部分曾经出现在扬州人的餐桌上。有这样的美食环境，做出美味的肉圆对扬州人来讲，当真是区区小事。

说了这么多的圆子、丸子，"狮子头"的名字还没看见。狮子头的名称可能出现得较晚，扬州民间一般都叫"大𩰪肉"而不叫"狮子头"，很有可能这个名称是外地人所起。清末徐珂在《清稗类钞》一书中记载了这个菜："狮子头者，以形似而得名，猪肉圆也。猪肉肥瘦各半，细切粗斩，乃和以蛋白，使易凝固，或加虾仁、蟹粉。以黄沙罐一，底置黄芽菜或竹笋，略和以水及盐，以肉作极大之圆，置其上，上覆菜叶，以罐盖盖之，乃入铁锅，撒盐少许，以防锅裂，然后以文火干烧之。每烧数柴把一停，约越五分时更烧之，候熟取出。"做法与现代的扬州狮子头完全一样。这种做法的流行也比较晚，袁枚在《随园食单》中写"八宝肉圆"时提到过这种做法，但言语间透露出他对这种方法做的肉圆比较陌生。

扬州人做的狮子头块头一般都比较大，做得小的就叫𩰪肉，不配叫狮子头。个头最大的狮子头当数"葵花大𩰪肉"，传说有一个小盘子那么大，一桌人共吃一只。北方人

曹寿斌大师制作的清炖蟹粉狮子头

也做大肉丸子,一碗四只,叫"四喜丸子",也做像葵花大劗肉那样大的,叫"一品肉圆"。现代著名学者曹聚仁有一个朋友叫洪逵,他家的厨师就是从扬州请的,擅做狮子头,一品锅四个狮子头,每一个总有菜碗那么大,这样的狮子头与北方四喜丸子的形制差不多。狮子头与四喜丸子之间应当有传承关系的,只是有点说不太清是谁学了谁的,但是扬州的狮子头是淮扬美食的代表之一,地位与名气都远在四喜丸子之上。

梁实秋在《雅舍谈吃》中提到他的扬州同学王化成做的狮子头很是讲究:肥瘦三七开,与扬州厨师的肥六瘦四的比例不同;肉圆油炸了再上笼用大火蒸1个小时,而扬州厨行里做的狮子头以水汆清炖为常见;蒸好后,要用吸管吸去浮油,这样的做法在厨行里也少见,因为当时人肚里油水少,喜欢吃油多的菜。其他的如切肉时多切少斩、抟肉圆时尽量少屪淀粉等则与厨师的做法相同。《邗江三百吟》中记载狮子头的做法:"肉以细切粗劗为丸,用荤素油煎成如葵黄色。俗云葵花肉丸。"据此来看,王化成狮子头的做法还是相当正宗的传统方法呢。王化成曾在外交部任职,最后终于葡萄牙公使任上。这样级别的人居然也很擅长烹调,并且常在公务之暇,做菜以娱嘉宾,颇有古人风雅遗韵。

现在扬州厨师做的狮子头大多是水汆清炖的,一年四季当中,又以秋季加了蟹肉的狮子头最为出名,称为"清炖蟹粉狮子头"。其后,当数春季的春笋鲴鱼狮子头、冬季的风鸡狮子头较为有名。其实从味道上来说,每个季节的狮子头各有其特点。

#### ◎三套鸭

三套鸭是最能代表扬州饮食精髓的一个菜。所谓三套,是指三种原料套在一起。哪三套? 最外面是一只家鸭,家鸭的腹中塞了一只野鸭,野鸭的腹中塞了一只鸽子。要说明的是,家鸭、野鸭和鸽子都是外形完整的。

至迟在清代乾、嘉时期,扬州的餐馆里已有套鸭面市,但当时是用家鸭与腌制的板鸭一起做的"二套鸭"。《调鼎集》记载此菜说:"肥家鸭出骨,板鸭亦出骨,填入家鸭肚肉,蒸极烂供。"同书中还记有"煨三鸭":"将肥桶鸭去骨切块,先同蘑菇、冬笋煨至五分熟,再择家鸭、野鸭之肥者切块,加酒、盐、椒煨烂。又,家鸭配野鸭、板鸭,酱油、酒酿、葱姜、青菜头同煨。"从《调鼎集》的记载来看,应该是厨师将"二套鸭"与"煨三鸭"两菜结合,创制出了流传至今的"三套鸭"。在三套鸭前后,有好多地方还流行过"五套禽",用鹅、家鸭、野鸭、鸽子与黄雀一起做成,但终因难度过大而味又逊于三套鸭,逐渐被淘汰。扬州的三套鸭问世以后,立刻在盐商与官员之间不胫而走。清朝乾、嘉之后,传到山东济宁、济南等地,后又传到北方一些城镇,现在陕西人也将其视为西北鸭馔名肴。

三套鸭是个季节性很强的菜,最适合秋冬季节食用,这与中国人传统的饮食养生观点有关。秋冬是个进补的季节,鸭是人们进补的首选食物之一,民间有"炖烂老雄鸭,功效比参芪"的说法。从这个角度来说,三套鸭应选用老雄鸭,只是这个东西在民间太金贵,可遇而不可求。秋冬季是野鸭最肥美的时候,也是野鸭上市的季节。鸽子也很好,"一鸽胜九鸡",进补的功效要超过鸡

张玉琪大师制作的三套鸭

很多。制作时,将家鸭、野鸭进行整料去骨——在不破坏鸭的外形的情况下取出鸭的大部分骨头,内脏与骨头一同取出。将这集鲜美与滋补于一身的三套鸭用小火慢慢炖到酥烂,大约要 3 个小时。三套鸭集家鸭的嫩、野鸭的香、鸽子的鲜于一体,从外到内,一层层吃下去,一层层味不同。

这样整料去骨的手艺是扬州厨师的擅长,除三套鸭外,扬州还有整鸡去骨做的"八宝鸡"、整鸭去骨做的"八宝葫芦鸭"、整鸽去骨做的"鸽吞鱼翅"、整鱼去骨做的"三鲜脱骨鱼"等等。三套鸭是屠龙之技,不仅一般的家庭厨师做不来,而且一般的专业厨师也做不来。因此,1990 年出版的《中国名菜谱·江苏风味》封面上的三套鸭的照片,是用银质餐具盛妆推出的,尽显传统淮扬菜的雍容华贵。寻常场合不可能用金银器,也一定要用白瓷盆来盛,才不辜负那一锅清澈见底的好汤。

### ◎林林总总的小吃

扬州曾经评选出十佳风味小吃:笋肉锅贴、扬州饼、蟹壳黄、鸡蛋火烧、咸锅饼、萝卜酥饼、鸡丝卷、三鲜锅饼、桂花糖藕粥、三色油饺;十佳特色小吃:四喜汤团、生肉藕夹、豆腐卷、笋肉小烧卖、赤豆元宵、五仁糕、葱油酥饼、黄桥烧饼、虾籽饺面、笋肉馄饨。这些特色小吃,有的已经很少在小吃摊上出现了,如蟹壳黄、鸡丝卷、三鲜锅饼、三色油饺、五仁糕等;有的则成为今天小吃的主力军,如虾籽饺面、黄桥烧饼、笋肉锅贴、桂花糖藕等。更常见的小吃是各式烧烤、麻辣烫以及从电视上学来的韩国日本的寿司、煎豆腐。

盐水鹅是今天扬州最有名的市井名食。这从历史上及周边地区来看都是有点奇怪的。从历史上来看,用鹅做菜并且做得很好的太少,有名的就是云林鹅;用鸭做菜的倒是很多,近处的,南京的盐水鸭、板鸭都很有名。民国初年,北京大名鼎鼎的谭家菜也是以鸭出名的,这是远地的。所以扬州人把盐水鹅做得这么好,还真有点独树一帜的意思呢。扬州盐水鹅始于何时?有人说是从 1980 年以后才开始多起来的,以前很少见到有卖盐水鹅的。果真如此的话,那扬州人做盐水鹅是很有点天才的。因为在 1980 年后,扬州的盐水鹅就已经很有名了。在 1990 年前的一两年,通往扬州的公路上常常可以看见往扬州送鹅的车子,自行车到农用车到卡车都有,说明此时扬州城里鹅的消耗量是很大的。现在的扬州,几乎每条路上都能看到一个甚至几个卖盐水鹅的摊子。

扬州的粥品种很多,清朝流行豆浆粥,尤其以文思和尚所煮的甜浆粥最为著名。其实这著名的甜浆粥做起来很简单,先煮普通的粥,用小火煮得很稠,然后加入豆浆和糖调匀再煮沸即可。因为煮粥很花时间,煮那些特别风味的粥还要有点技术,得在一旁看着,等粥煮稠还要不停搅动。所以,扬州很多市民宁可去买现成的粥来吃。清朝及民国时期,扬州市上曾有很多糖粥担子。小贩挑着它走街串巷,解了很多普通百姓的馋。有一些店铺还把粥当成他们的主打产品。教场正阳楼茶社下有一家"侍瑞同糕团店",店里按季节供应不同品种的粥,春天卖的是"白糖豌豆粥",夏天卖的是"绿豆粥",秋天卖的是"桂花香雪糯",除夕夜卖的是"红糖赤豆粥"。店里卖的"糯米藕"最受人欢迎,用宝应产的红藕,切成两段,塞满糯米,再用竹签签在一起,然后放在锅里煮烂,煮的时候要放桂花、冰糖、红枣、莲子等。吃时,老板叉出藕来,用紫铜的刀片,将藕切成段,盛在碗里,再舀上一勺汤汁。现在,扬州街上还时常能见到卖糯米藕的人,在自行车后绑一口锅,锅里盛的是热腾腾的藕。车边的小贩大多是紫铜色面皮,一般也不开口叫卖,只是安静地等着客人上前。

扬州的烧饼品种很多,有来自泰兴的黄桥烧饼,也有来自新疆的馕。做得精致的还有扬州的双麻酥饼,虽然精致,但也属烧饼一类。但好多人最怀念的是"草炉烧饼"。原来扬州雀笼巷有一家花顺兴烧饼店,烧饼炉子是砌在墙壁里的,有一人高。以前,扬州还有一种烧饼炉子,饼是贴在锅顶上的。这锅是一个穹顶,下面有火,炉子的开口在边上。有人认为这个炉子里出来的烧饼才叫草炉烧饼。现在这种炉子在扬州已经看不见了,但在河南的郑州、洛阳等地还可以看到。

张爱玲曾在一篇散文中写过,称当年她在上海居住时,常听到有些小贩,穿巷过街,叫卖"炒炉饼——",其声悠悠,引人食欲。其实,她所写的"炒炉饼"就是扬州的草炉烧饼。一般来说,烧饼是不上什么档次的,但在产妇坐月子的时候,扬州人常用它与老母鸡汤来给产妇补身子,真是一种很特别的营养品。

粉丝回卤干曾是扬州街头常见的小吃。小贩挑个担子,一头是炉子,一头是碗碟作料。也有推车子出来的,车上包着白铁皮,安放着那些必备的炊餐具,还会有一两张折叠的桌凳。扬州回卤干中用的粉丝通常是白色的,后来也有用黄褐色山芋粉丝的。豆腐干是那种油炸过的,煮出来有恰到好处的香味。其他的配料也很重要,有豆芽、海带丝、香菜。讲究点的还会有鸭血,或用素鸡替下油炸豆腐。这样的回卤干吃起来清香、爽口,没丝毫的油腻。过去大多数街头小吃为招徕顾客都会做得油腻些,如回卤干这样清雅的小吃还真的不多见。也因为如此,回卤干在扬州的小吃中一直是不温不火。

油炸臭干是扬州城里很常见的小吃。二十多年前,扬州的国庆路与东关街的交叉路口有好多卖油炸臭干的。本地人不觉得,外地人一到这里就闻见那味儿,爱吃的人来了扬州就往那儿跑,不爱吃的路过那儿一定是掩鼻而过。臭干儿在油锅里炸透了,捞起来剪成小块,配上豆芽、香菜,浇上调好的酱油汁就成。现在扬州城大了,卖油炸臭干的也多了,好多小区门口都有,甚至有些饭店还把它搬上了餐桌。

扬州人做饺子有三种,一种是水饺,在锅里煮出来的;一种是蒸饺,通常在茶社里出现;一种是锅贴,是街头常见的小吃。

蒸饺是茶社里的常供,小吃摊上一般见不着。水饺很多。做水饺的多是来自北方的,手擀的饺子皮儿,口感很有弹性。本地人包饺子常用机制的饺子皮儿,虽然扬州机制饺皮做得也很不错,但在口感上到底逊了一些。

锅贴虽不像水饺、蒸饺那样能上筵席,但制作工艺却一点不能马虎。好多人用冷水和面来做饺皮,这种皮煎熟后吃起来有点硬。扬州锅贴大概有两种,一种是牛肉馅的,东圈门的民族饭店所做的牛肉锅贴甚佳;一种是猪肉馅的。卖锅贴都是在下午四点钟前后,做锅贴的小贩大师傅站在炉边转着平底锅,锅中的饺子煎得油花四溅。煎锅贴的人也不都是油叽麻花的男人,改造前的便益门街上有一家卖锅贴的,当炉的就是一位俏丽的扬州美女,动作麻利,火候恰到好处。

现在的扬州小吃正处在一个发展的好时机,同时也面临着一个发展的瓶颈。小吃这个行当解决了相当一部分人的就业问题,也是一个城市旅游名片上的亮点,因此受到政府有关部门一定的重视。在各个商业中心、校园附近及景区,都少不了小吃的身影。这是扬州小吃的发展好时机。瓶颈在于,目前小吃的经营者大多奉行拿来主义,看到什么好卖就做什么,甚至好些品种相同的小吃摊挤在一起,搞同质化竞争,没有创新。这是因为小吃的门槛很低,不需要太多的技术就可以做,而开发小吃,则需要一定的资金及技术能力。

总的来说,这些年来扬州的小吃是越来越多,也越来越好吃了。

# 附录　扬州饮食大事记

1. 吴王开邗沟,筑邗城。其后不久,越灭吴。至战国时,越国又被楚国所吞并。这一时期,是淮夷与江南及荆楚之间的民族融合时期,也是饮食文化的第一次融合,开启了扬州饮食文化史上的邗沟时期。

2. 枚乘作《七发》。《七发》是汉赋名篇,但它对于扬州文化的意义不仅是文学上的。在这篇宏文当中,第一次详细记载了江淮地区的贵族饮食情况,是今天我们研究扬州饮食历史不能忽视的重要资料。

3. 隋炀帝开运河,下扬州,给扬州饮食留下了"金齑玉脍、东南佳味"的评价,也带来了扬州蛋炒饭的传说。从此以后,扬州饮食文化除了受长江流域的影响,也受到中原地区先进文化的影响。扬州饮食文化进入了隋运河时期。

4. 扬州生产了第一块国产的蔗糖。公元 647 年,唐太宗贞观二十一年,"太宗遣使至摩揭陀国,取熬糖法,即诏扬州上诸蔗,柞渖如其剂,色味愈西域远甚"。扬州所制的糖颜色与味道都远胜摩揭陀国,可见当时扬州工匠技艺之高超。据后来宋朝王灼《糖霜谱》的推测,扬州的糖大约是淡黄色的粗砂糖。

5. 中唐时,刘伯刍、陆羽在扬州品评天下泉水,开中国文人评水之先河。刘伯刍评水七等,将扬州大明寺的泉水评为第五;陆羽评水二十,将扬州大明寺泉水评为第十二。至清朝,郑板桥留下"从来名士能评水,自古高僧爱斗茶"的对联。

6. 公元 754 年,鉴真大师东渡日本,带去扬州出产的绿米等珍稀食材,还把豆腐的制法传到了日本。

7. "缕子脍",第一个有明确记载的扬州名菜。据北宋陶谷《清异录》记载:"广陵法曹宋龟造缕子脍。其法用鲫鱼肉、鲤鱼子,以碧笋或菊苗为胎骨。"这个是地地道道的由扬州人在扬州做的扬州菜,可算是有记录的扬州名菜之首。这道菜的制作方法标志着扬州饮食风格的初步形成。

8. 庆历八年（1048年）正月，欧阳修由滁州调任扬州，其间与扬州文人在平山堂雅集，传花行酒，开扬州文宴之先河。

9. 苏东坡作诗《扬州以土物寄少游》。在整个宋朝，有关扬州饮食的记载基本模糊在"南味"的大概念里。苏东坡的这首诗让我们对当时扬州的物产与饮食民俗有了一定的了解。这首诗里第一次提到扬州的各种腌渍食品，有鲫鱼鲊、醉蟹、莼菜齑、姜葅、咸鸭蛋等，可视为今天扬州酱菜业的源头。

10. 元代京杭大运河开通，使得扬州跟元明清三朝的政治、文化中心紧密地联系在一起。元世祖至元二十一年，皇九子镇南王脱欢出镇扬州。扬州作为东南重镇很受朝廷重视，在这里设"江淮都转运盐使司""江淮榷茶都转运使司""行御史台"等等重要的职司部门。扬州饮食文化与北方的饮食文化互相融合，由此进入元运河时期。

11. 康熙元年三月三日，时任扬州推官的清初文坛领袖王士禛与诸名士集于瘦西湖红桥主持修禊事。三年后，他再度召集红桥修禊。之后，红桥修禊成为全国闻名的文化宴集活动。在他之后，剧作家孔尚任、两淮盐运使卢见曾也都主持过规模盛大的红桥修禊活动。

12. 清朝的康熙帝与乾隆帝曾多次南巡。在此期间，扬州出现了有史记载的最早的满汉席，专家认为这可能是后来满汉全席的萌芽。也有专家认为，满汉全席是扬州学者阮元因公务需要而创制出来的。

13. 1930—1931年，惜馀春酒店歇业。这里聚集了旧扬州最后一批风雅文人，是民国初年扬州最有名的酒家，是扬州名点千层油糕、翡翠烧卖等小笼点心的创制者。

14. 民国初年，"富春茶社"开张，成为继惜馀春之后扬州饮食业的领头羊。老板陈步云根据扬州人饮茶的口味特点，用魁针茶、龙井茶与珠兰花拼配出了著名的"魁龙珠"茶。这是中国茶业生产中的一个创举，开创了中国不同品种茶叶拼配的一个先例。

15. 1959年，扬州商业学校创办。后来，在此基础之上成立了江苏商业专科学校的中国烹饪系。当时全国研究饮食文化的八位著名学者中，聂凤乔、陶文台、邱庞同三位教授都在该校任教,由此开启了现代烹饪教育的新篇章。

16.1980 年代初,扬州试制成功"红楼宴",轰动全国,国内 30 多家媒体予以报道;国外,美国的《纽约时报》、新加坡的《联合早报》、日本的《朝日新闻》、澳大利亚的《堪培拉时报》也作了报道。国内外的知名学者、演艺明星及政要也纷纷来扬州品尝红楼宴。后来,红楼宴还多次走出扬州,走出国门,宣传了扬州的饮食文化。

17.2001 年,扬州获得了中国烹饪协会颁发的"扬州——淮扬菜之乡"的称号,扬州"三把刀"再度引人注目。

18.2004 年,扬州大学招收了首批烹饪专业的硕士研究生,这在全国是个创举。

19.2005 年,扬州兴建了第一个淮扬菜博物馆,这是当时中国第一家饮食文化博物馆。2010 年 1 月 15 日,中国淮扬菜博物馆重新建设完工开馆,人们可以在此直接感受扬州饮食文化的悠久历史。

20.2007 年,扬州大学周晓燕、张建军、唐建华三位老师与深圳繁兴公司、上海交通大学合作研制的世界第一台中餐烹饪机器人问世。

21.2009 年 10 月 18 日,第 19 届中国厨师节在扬州盛大开幕。其间举行了第二届高等学校烹饪技能大赛暨首届全国高校餐旅类专业创业大赛、首届中国市长餐饮发展论坛、2009 年中国餐饮业博览会暨中国 ( 扬州 ) 国际餐饮业供应与采购博览会等 15 项主要活动。全国各省市的代表团及名厨和来自美国、日本、澳大利亚、德国、韩国等世界二十多个国家和地区的海外同仁数千人相聚扬州,切磋技艺,交流经验。

# 主要参考书目

［1］李斗．扬州画坊录［M］．北京：中华书局，2007.

［2］童岳荐．调鼎集［M］．北京：中国纺织出版社，2006.

［3］徐珂．清稗类钞［M］．北京：中华书局，2010.

［4］邗江区文化体育局，邗江政协文史资料委员会．邗江出土文物精粹［M］．扬州：广陵书社，2005.

［5］袁枚．随园食单［M］．南京：江苏古籍出版社，2000.

［6］扬州大学商学院中国烹饪考古学研究课题组．中国烹饪考古学研究［M］．扬州：扬州大学商学院烹饪研究所，1997.

［7］邱庞同．中国菜肴史［M］．青岛：青岛出版社，2010.

［8］章仪明．淮扬饮食文化史［M］．青岛：青岛出版社，2000.

［9］夏梅珍．汉陵苑［M］．南京：南京出版社，2006.

［10］曹雪芹．红楼梦［M］．北京：人民文学出版社，1957.

［11］朱家华．扬州红楼宴［M］．南京：江苏人民出版社，1999.

［12］李维冰，周爱东．扬州食话［M］．苏州：苏州大学出版社，2001.

［13］林苏门．邗江三百吟［M］．扬州：广陵书社，2005.

［14］王振世．扬州览胜录［M］．南京：江苏古籍出版社，2002.

［15］焦循．北湖小志［M］．扬州：广陵书社，2003.

［16］杜召堂．惜馀春轶事［M］．扬州：广陵书社，2005.

［17］孟元老．东京梦华录［M］．郑州：中州古籍出版社，2010.

［18］杨衒之．洛阳伽蓝记［M］．北京：中华书局，2010.

［19］江苏省政协文史资料委员会，扬州市政协文史和学习委员会．扬州老字号［M］．南京：江苏文史资料编辑部，2001.

# 后 记

　　用了一年多的时间,《扬州饮食史话》终于完稿了。这一年多,我翻阅了大量的资料,把原来对于扬州饮食史的那些零散的、片段的印象连成了一个整体,于是有了现在的这本书。作为一本扬州饮食文化的普及读本,在写作时我尽可能不去标新立异,大多数内容是早有共识的。但由于饮食史研究在很多学者的研究中是比较边缘的,不少问题的结论似是而非,或者干脆就是空白。对此,我通过各种资料的梳理,提出了一些自己的看法,不一定就正确,读者且以一家之言观之。

　　书中附有大量图片,其中有我自己拍摄的,也有一些来自于网络。由于网络图片相互转载的情况很多,无法逐个找到原创者,在此表示我真诚的感谢与歉意。如果您是某张图片的原作者,还请您与我联系,一定奉寄薄酬。再谢!

　　本书的写作得到了扬州市政府、扬州市委宣传部、扬州市文联的大力支持与帮助,又得到扬州学界诸位师友的关心,本书的编辑在书稿整理方面也花了不少精力,在此一并表示感谢。

2012 年 9 月